# LA SCIENCE DES ARTISTES

OU

## LE VADE MECUM

DU MENUISIER, CHARPENTIER, TAILLEUR DE PIERRE, SERRURIER, MARBRIER, TOURNEUR, ETC., ETC.,

CONTENANT :

Des notions préliminaires sur la géométrie, la graphométrie, la stéréographie, la stéréotomie, la trigonométrie rectiligne, des notions des voûtes et de leur cintre, le raccord des moulures, la réduction des profils, la construction des colonnes, des escaliers, des plafonds en plein bois et d'assemblage, des chaires à prêcher, des pavillons en charpente, des plafonds, des calottes et voussures en plein bois et d'assemblage, &c., &c. ;

*Par des Professeurs*

*De Géométrie, de Trait et d'Architecture.*

## Atlas.

LYON.

DÉPOT A L'IMPRIMERIE DE BOURSY FILS, RUE DE LA POULAILLERIE, 19.

1844.

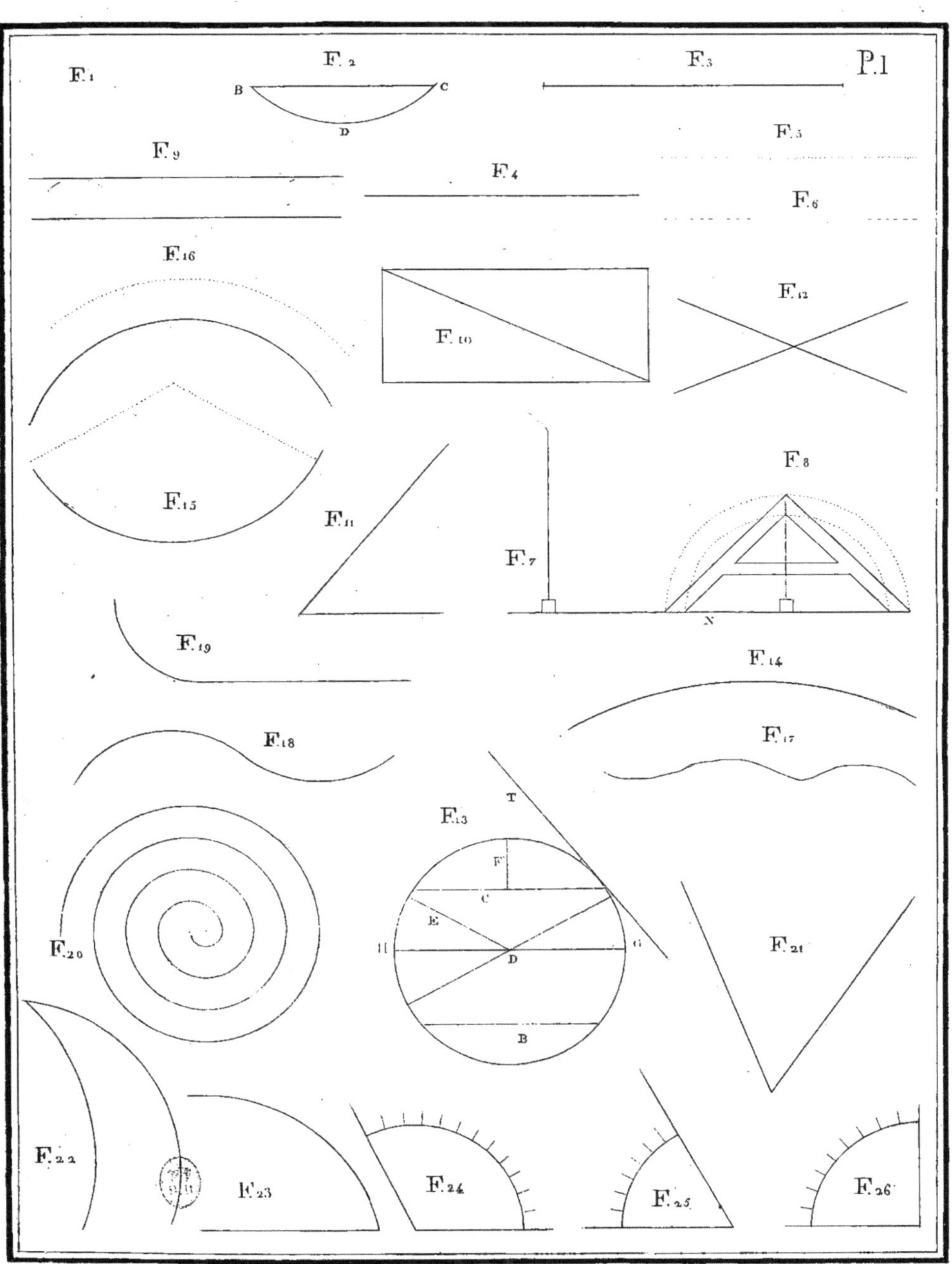
P.1
F.1
F.2
B
C
D
F.3
F.9
F.4
F.5
F.6
F.16
F.10
F.12
F.15
F.11
F.7
F.8
N
F.19
F.14
F.18
F.17
T
F.13
F
C
E
H
D
G
B
F.20
F.21
F.22
F.23
F.24
F.25
F.26

1844

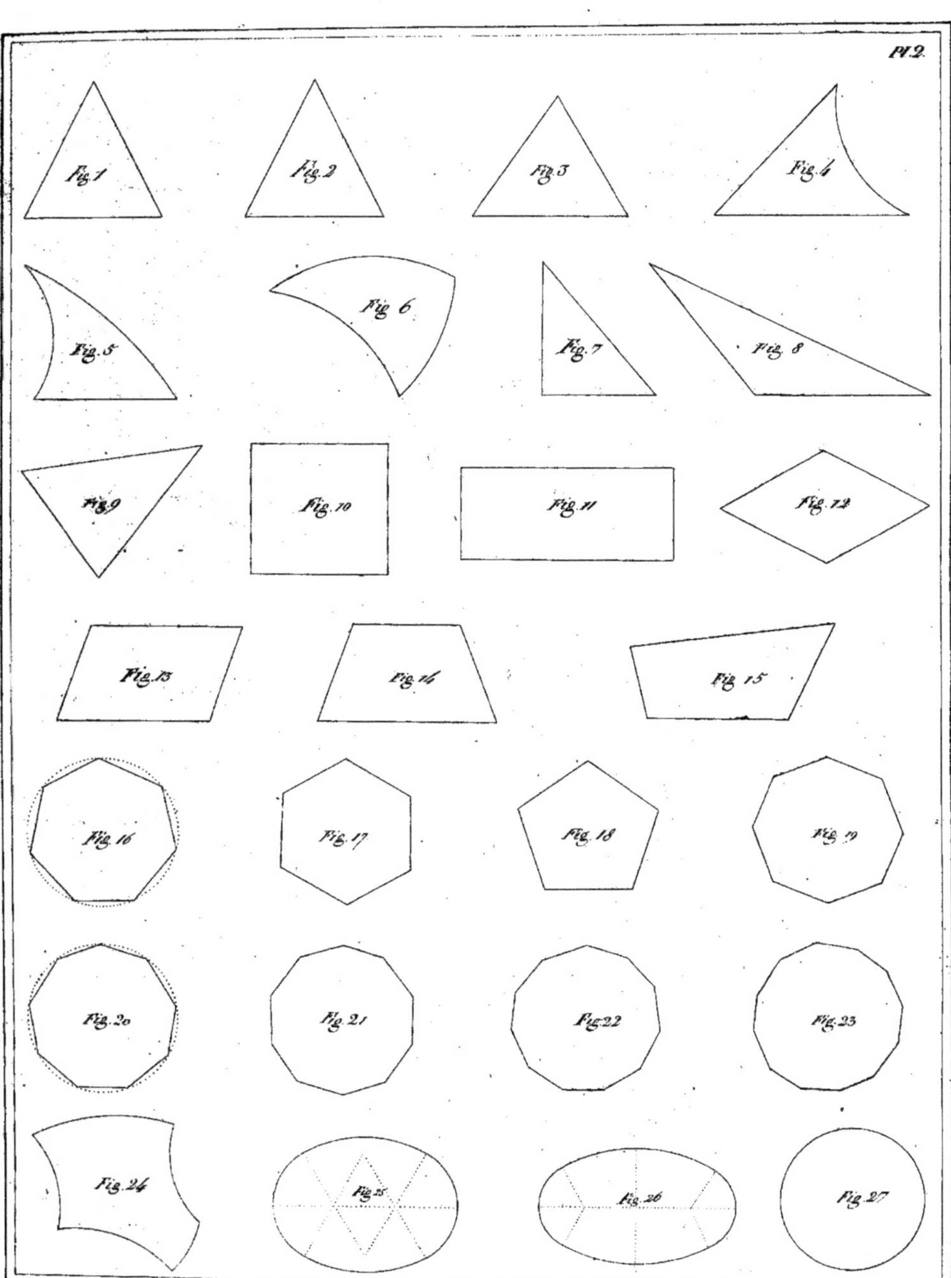
Pl. 2.
Fig. 1
Fig. 2
Fig. 3
Fig. 4
Fig. 5
Fig. 6
Fig. 7
Fig. 8
Fig. 9
Fig. 10
Fig. 11
Fig. 12
Fig. 13
Fig. 14
Fig. 15
Fig. 16
Fig. 17
Fig. 18
Fig. 19
Fig. 20
Fig. 21
Fig. 22
Fig. 23
Fig. 24
Fig. 25
Fig. 26
Fig. 27

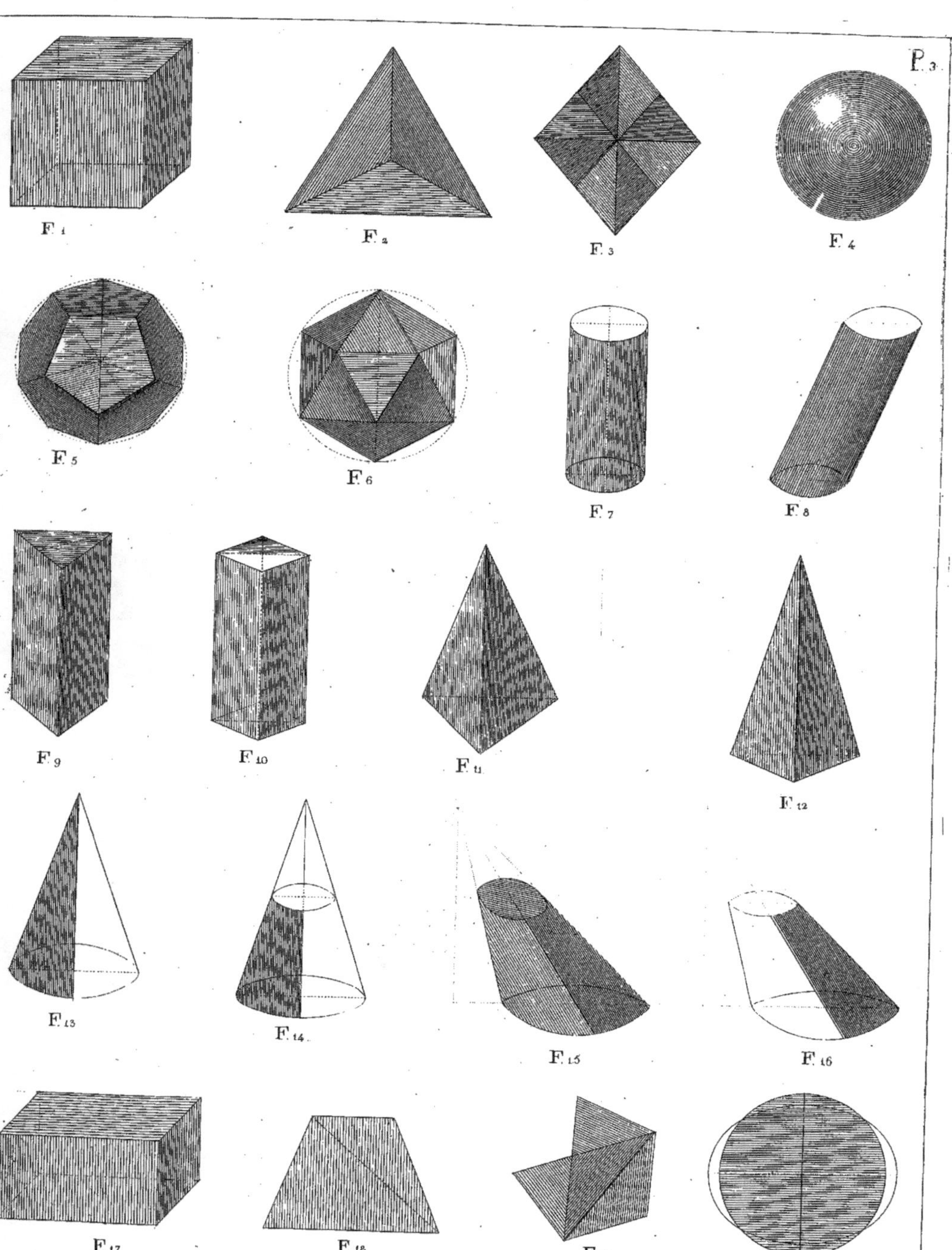
P. 3
F. 1
F. 2
F. 3
F. 4
F. 5
F. 6
F. 7
F. 8
F. 9
F. 10
F. 11
F. 12
F. 13
F. 14
F. 15
F. 16
F. 17
F. 18
F. 19
F. 20

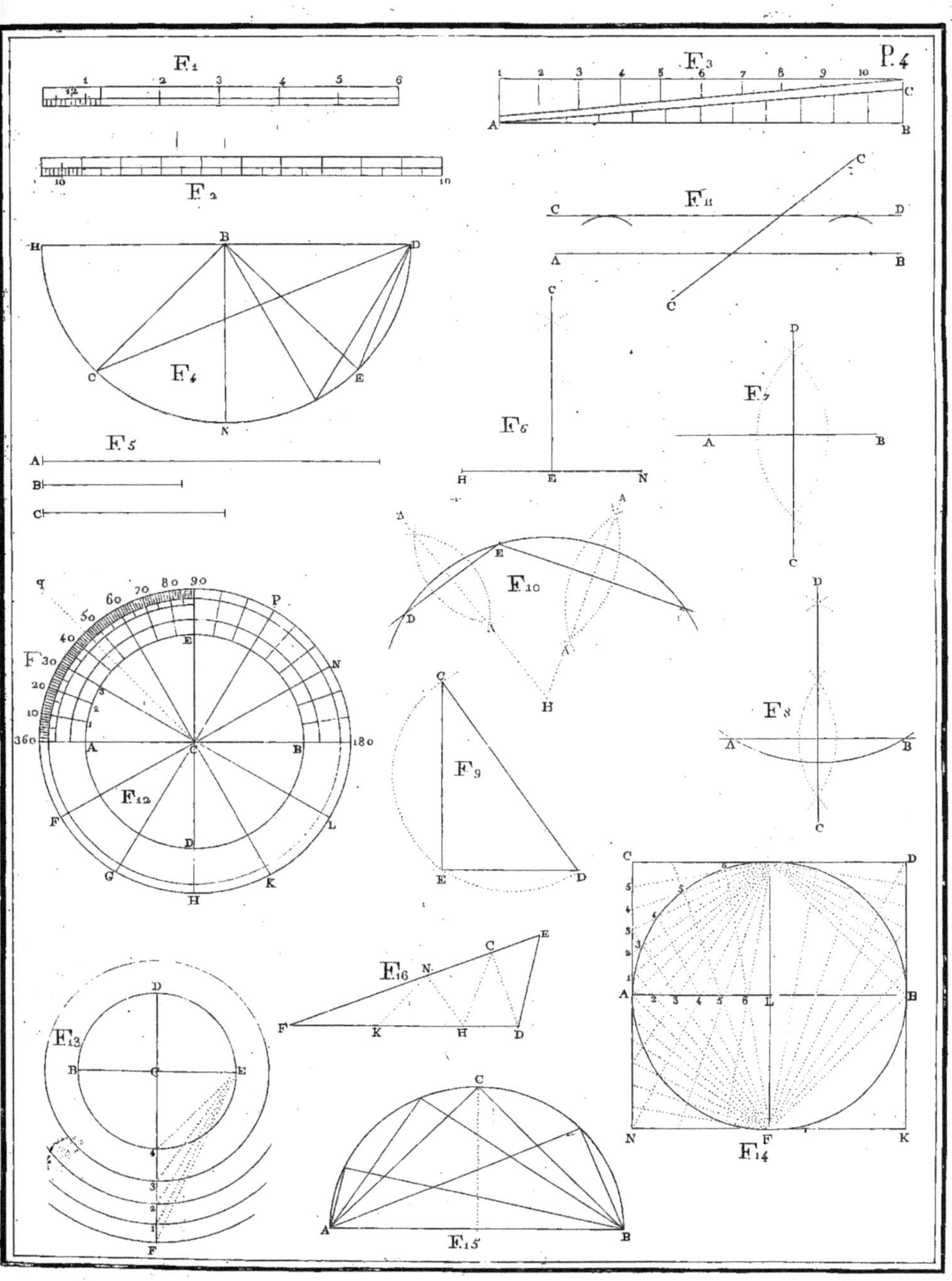
P. 4
F. 1
F. 2
F. 3
F. 4
F. 5
F. 6
F. 7
F. 8
F. 9
F. 10
F. 11
F. 12
F. 13
F. 14
F. 15
F. 16
F. 30
360
180
90
80
70
60
50
40
20
10

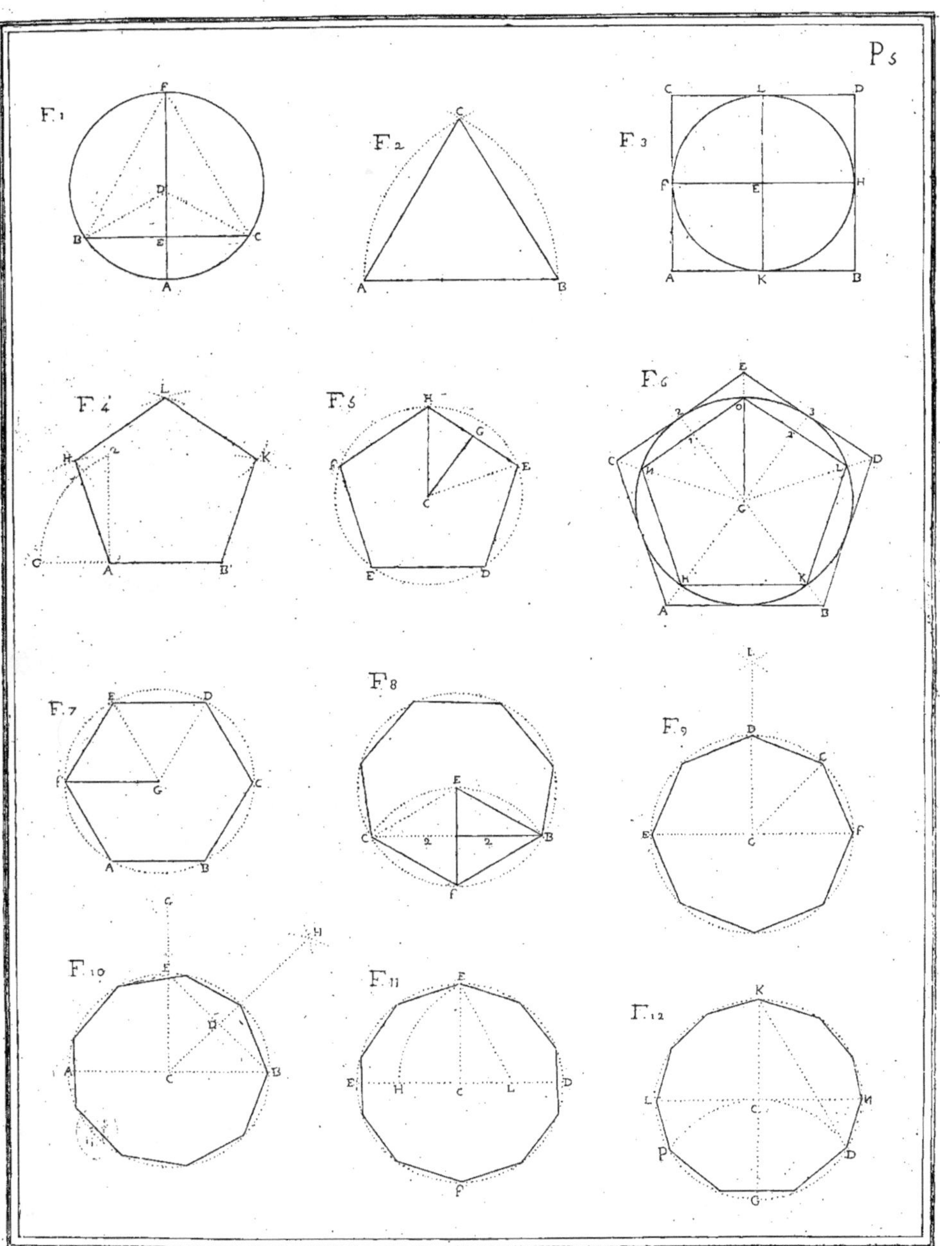
P 5
F. 1
F. 2
F. 3
F. 4
F. 5
F. 6
F. 7
F. 8
F. 9
F. 10
F. 11
F. 12

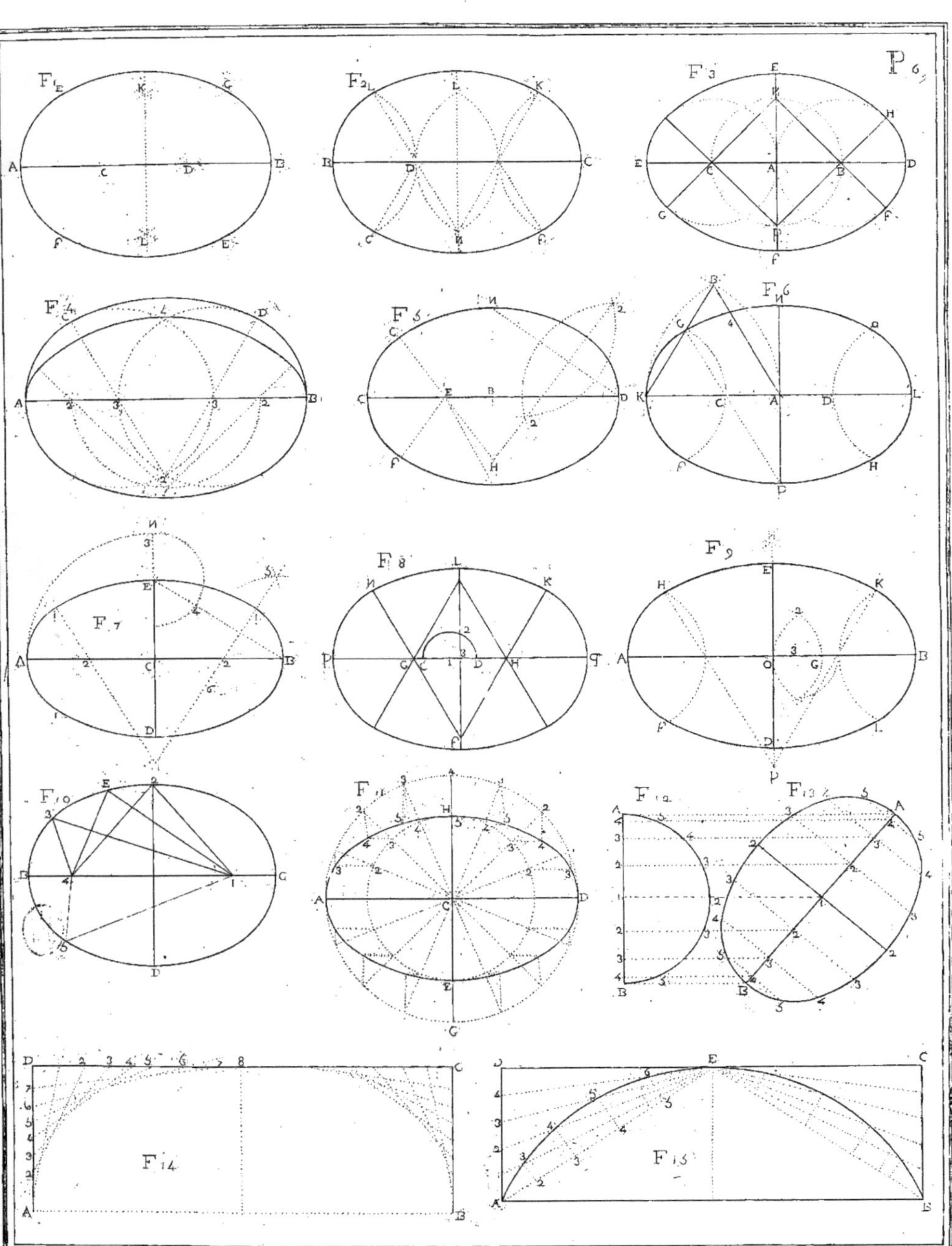
P 6
F 1
F 2
F 3
F 4
F 5
F 6
F 7
F 8
F 9
F 10
F 11
F 12
F 13
F 14
F 15

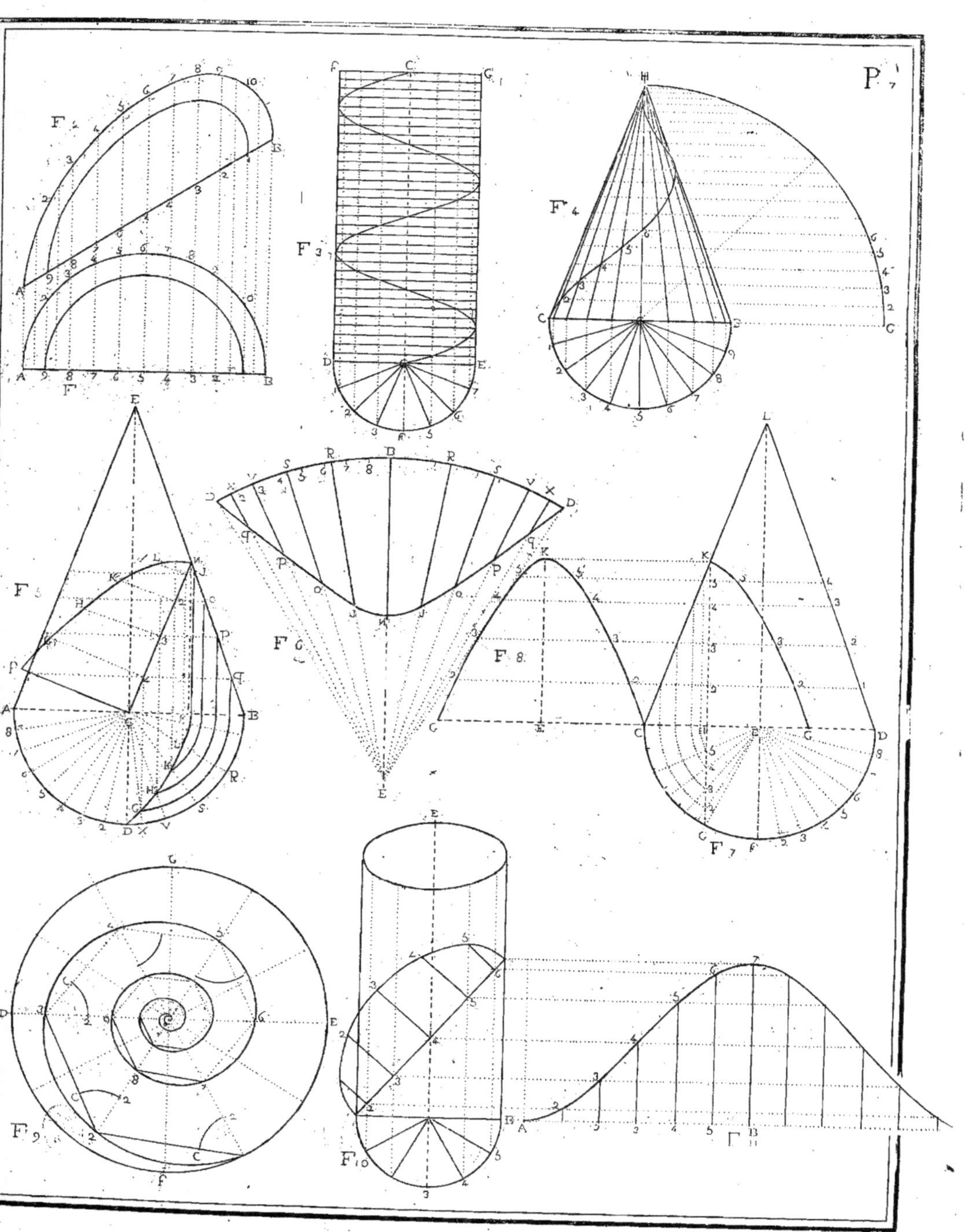
P 7
F 2
F 3
F 4
F 5
F 6
F 7
F 8
F 9
F 10
F 11

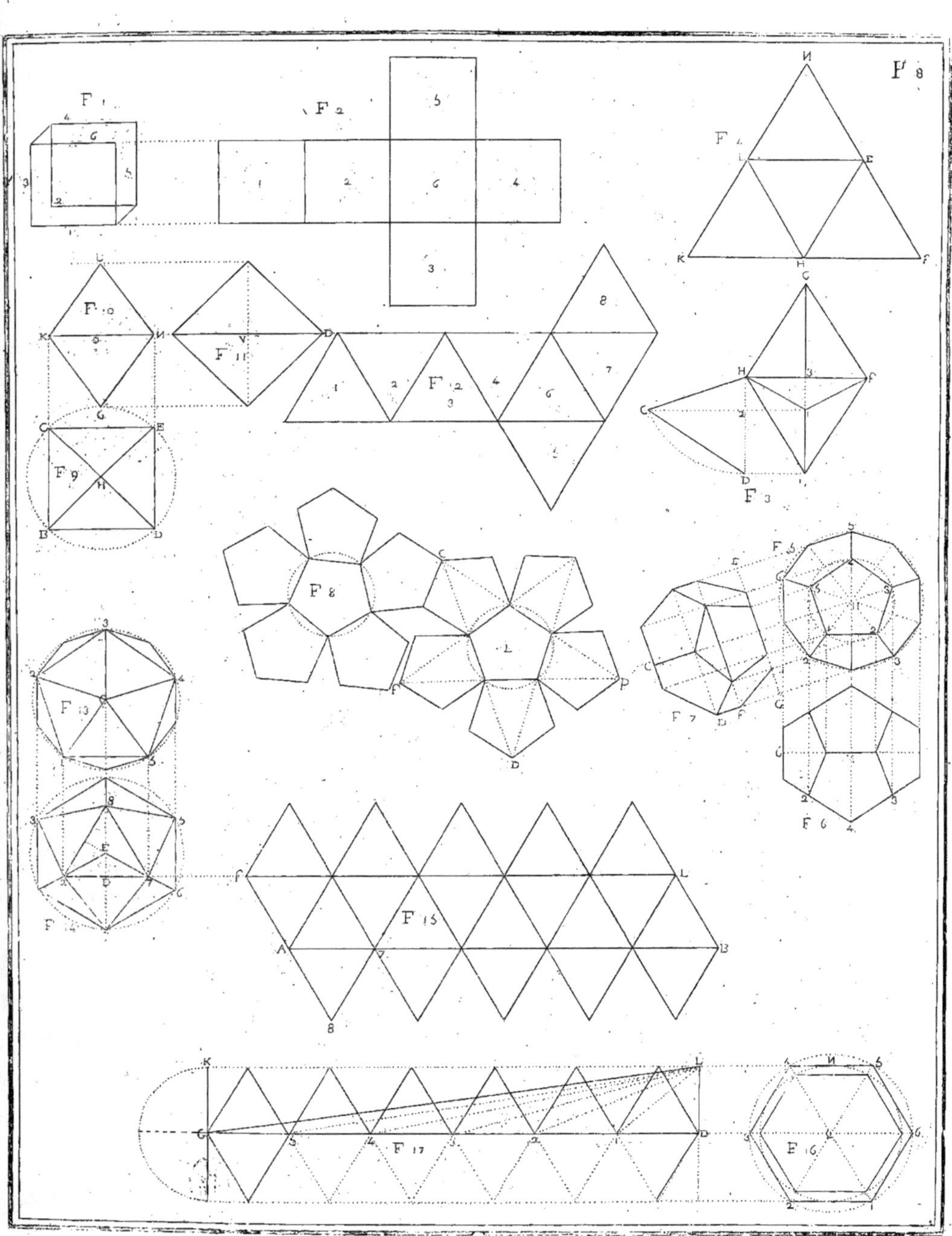

Pl 8
F 1
F 2
F 3
F 4
F 5
F 6
F 7
F 8
F 9
F 10
F 11
F 12
F 13
F 14
F 15
F 16
F 17

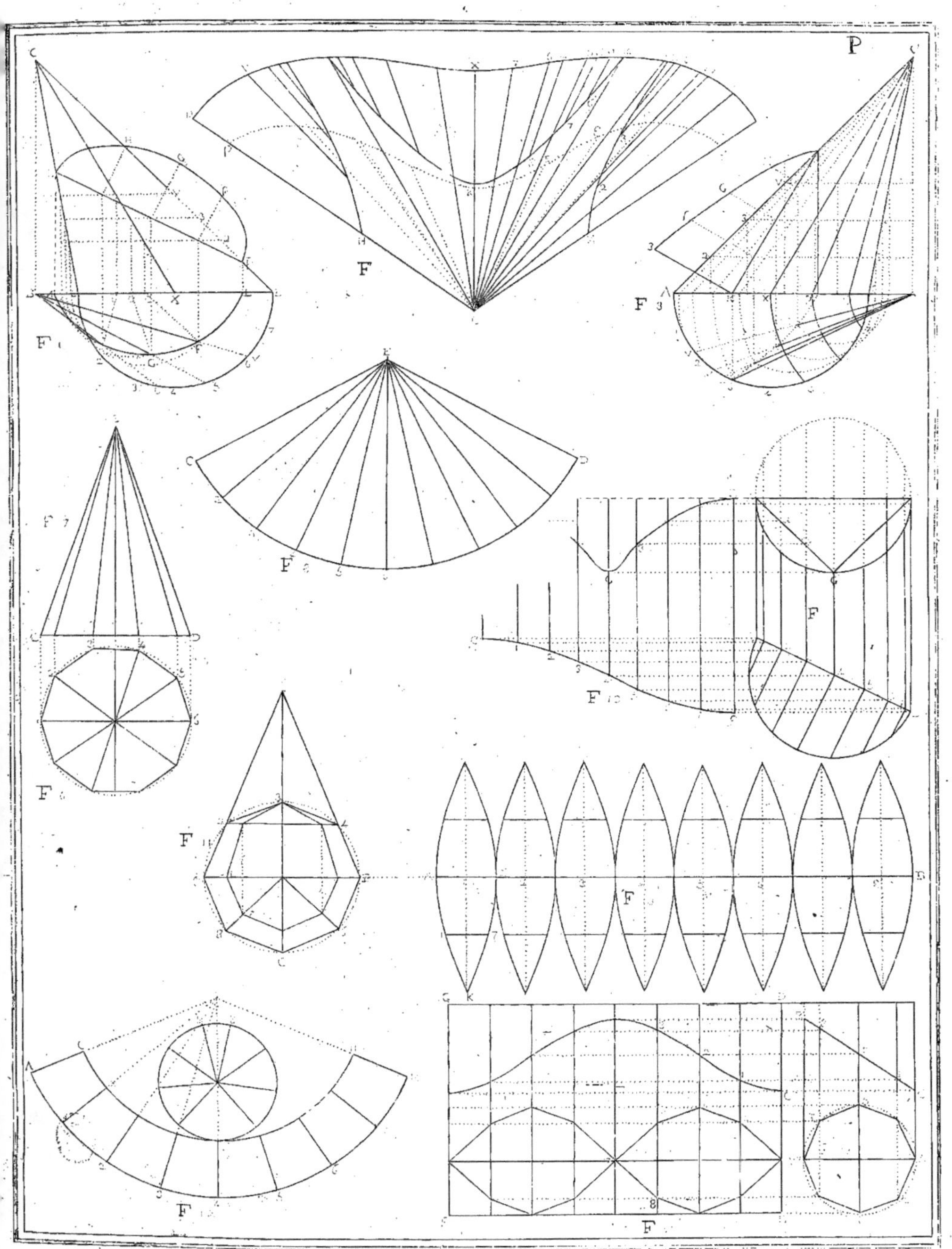

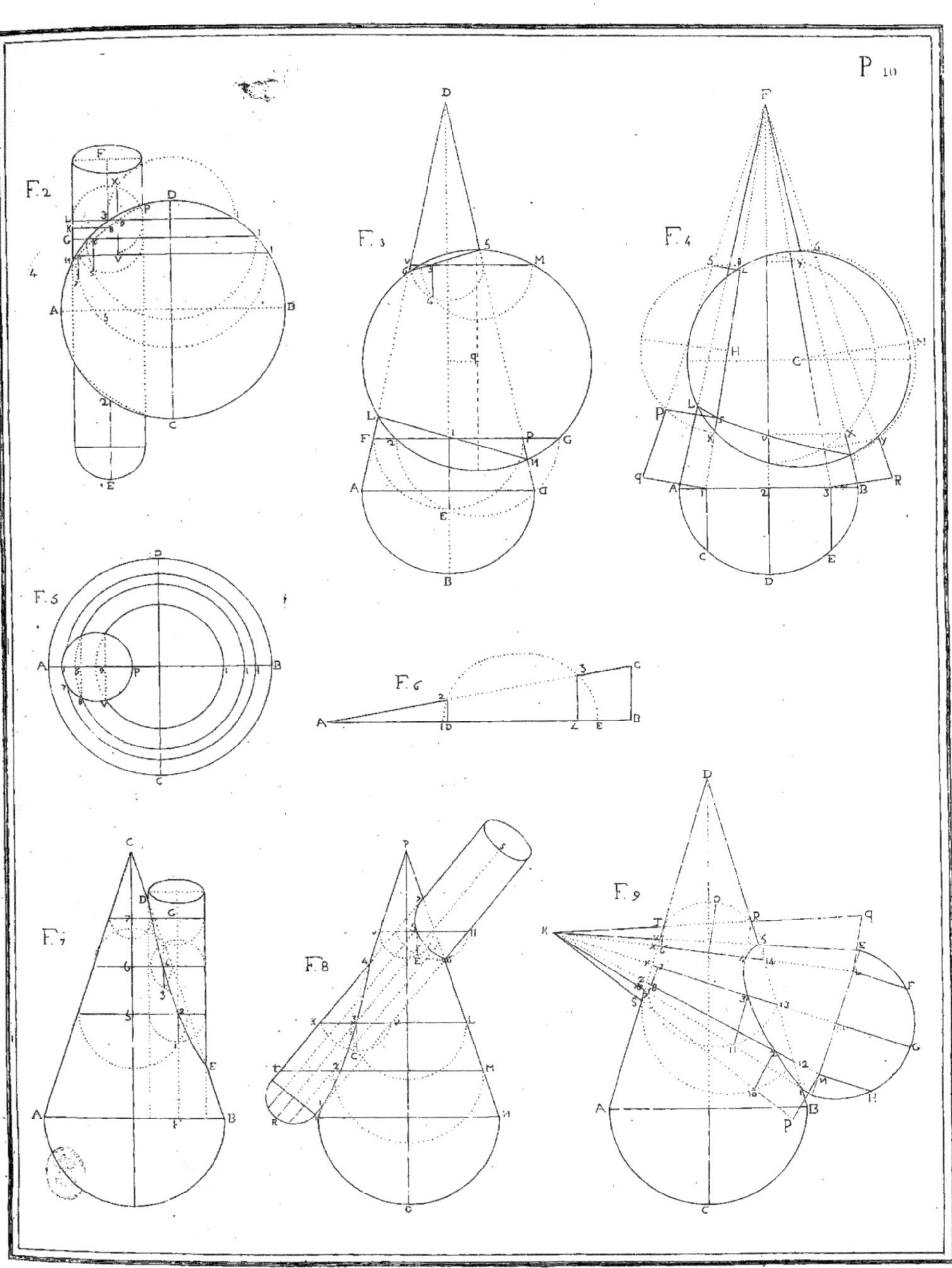
P 10
F. 2
F. 3
F. 4
F. 5
F. 6
F. 7
F. 8
F. 9

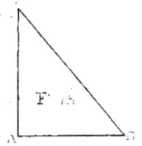

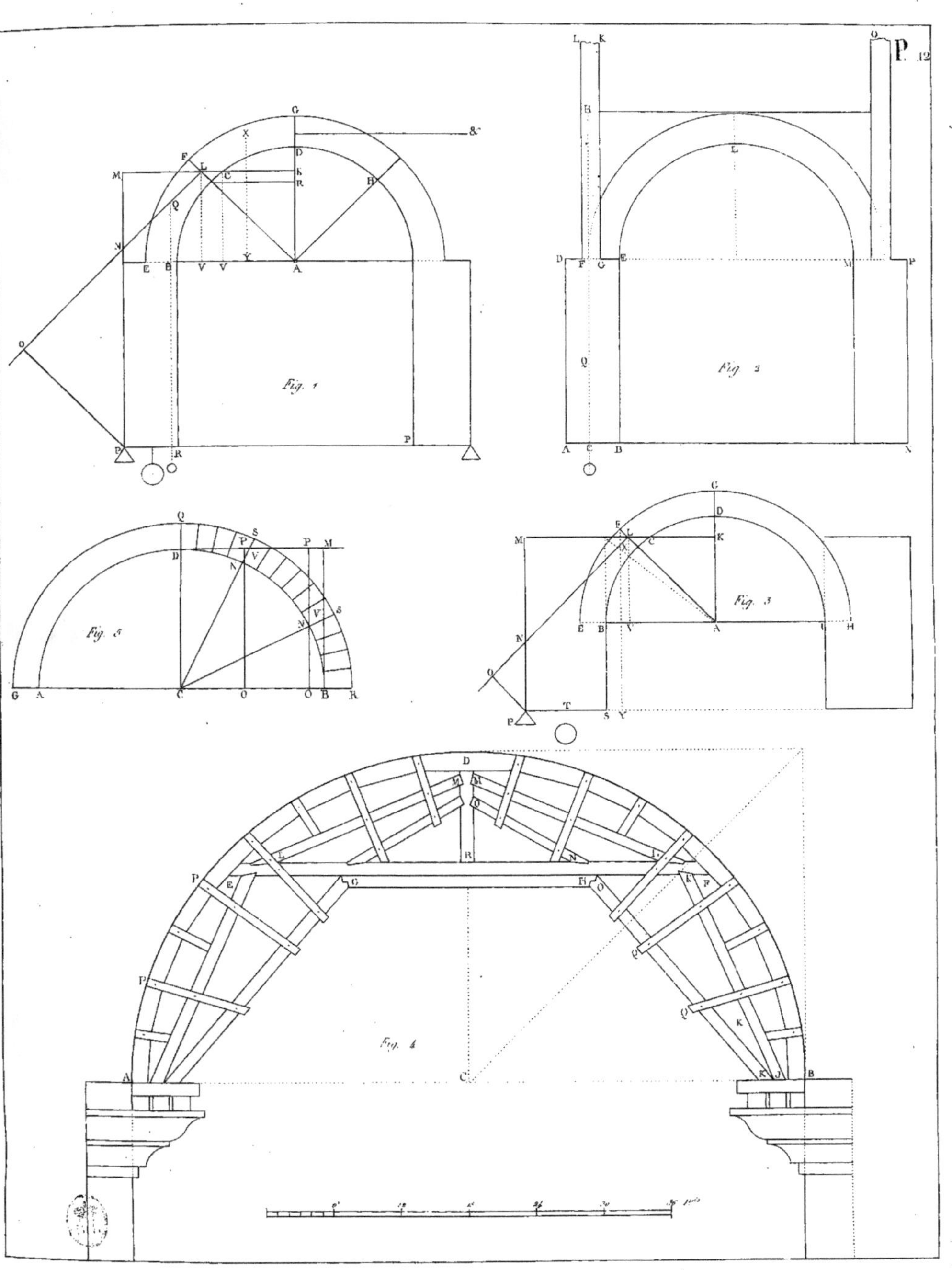

P. 12
Fig. 1
Fig. 2
Fig. 3
Fig. 4
Fig. 5

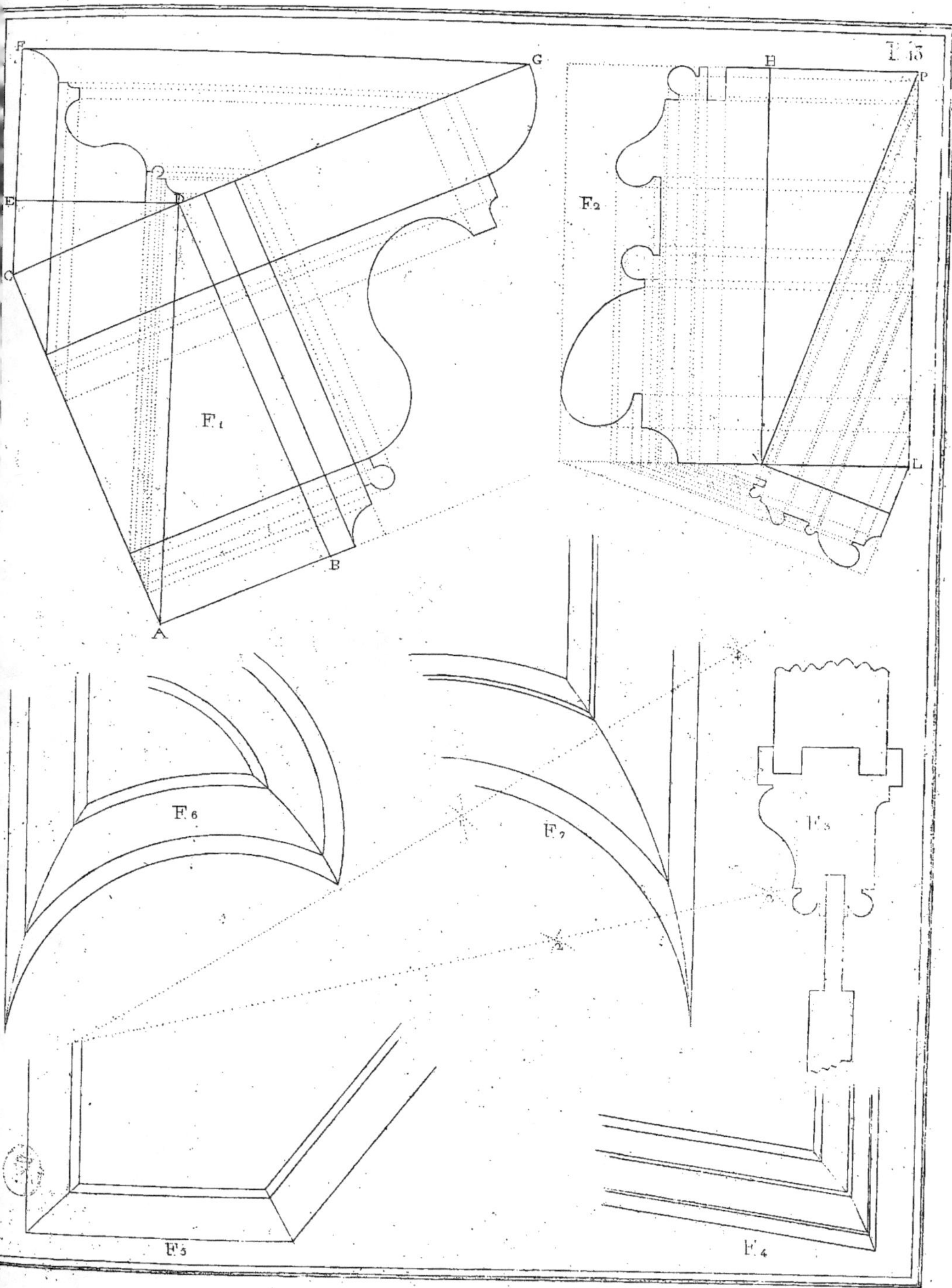
Pl. 13
F
G
E
D
C
F. 1
B
A
H
P
F. 2
L
F. 6
F. 7
F. 3
F. 5
F. 4

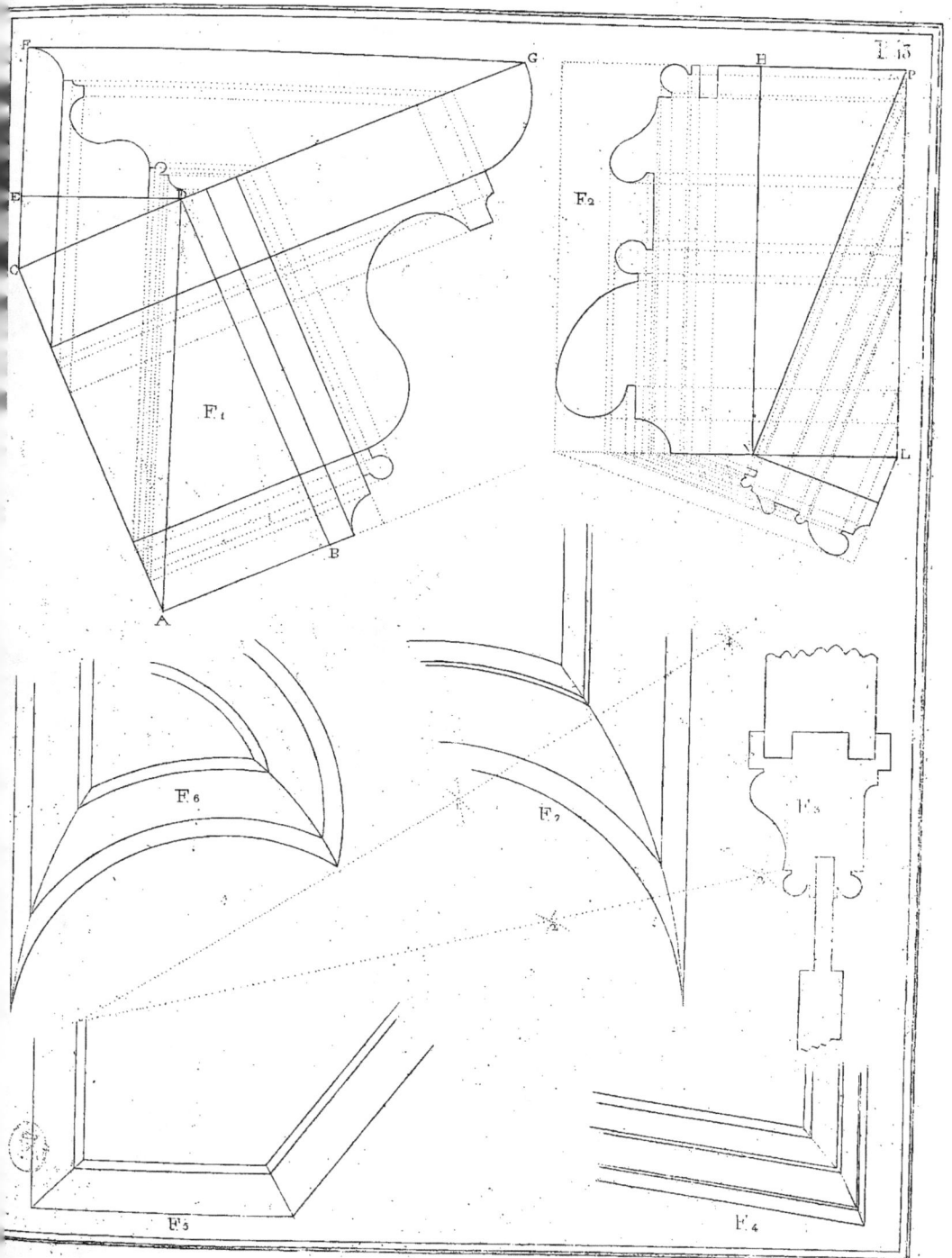

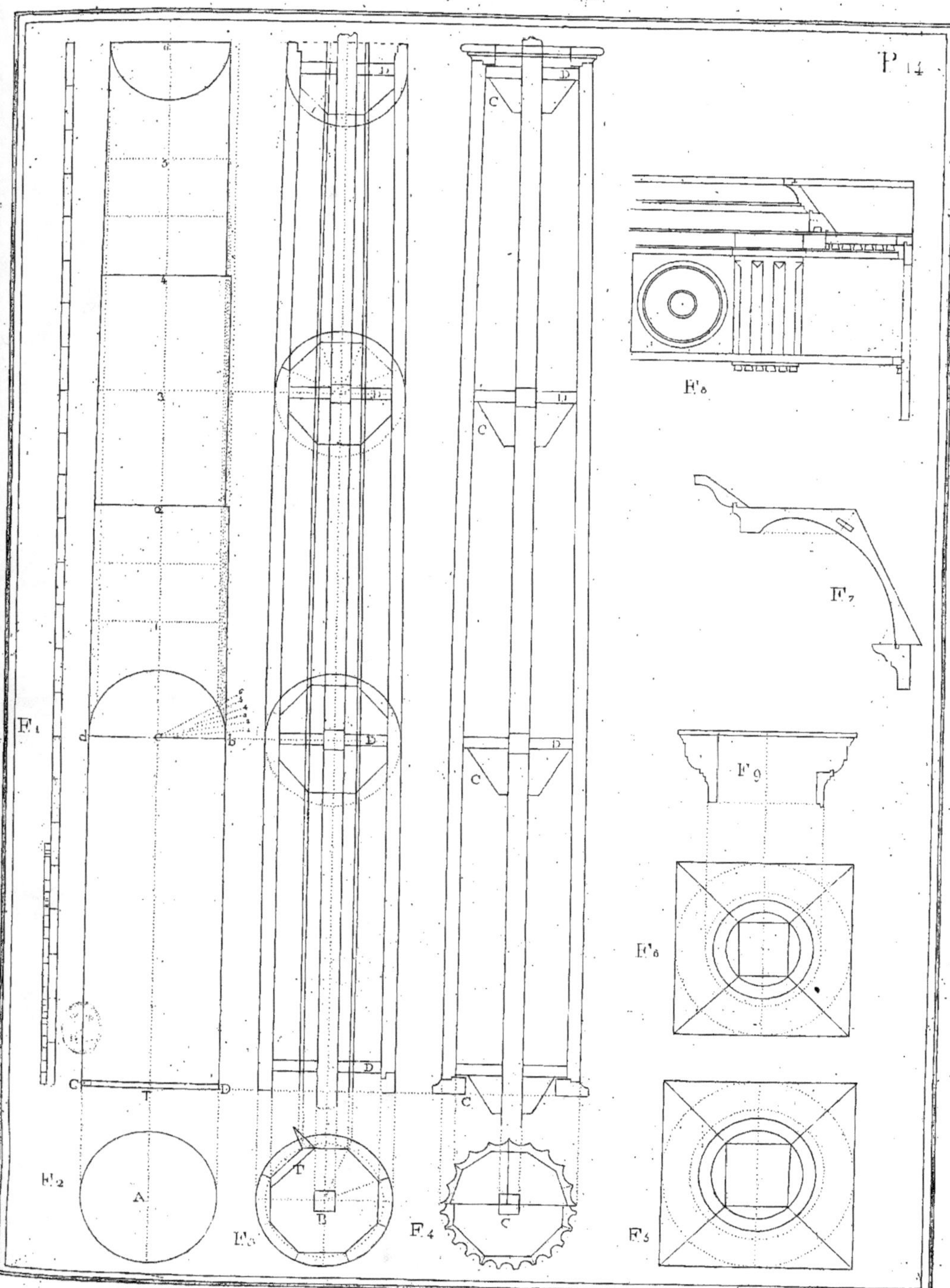
P 14
F. 1
F. 2
F. 3
F. 4
F. 5
F. 6
F. 7
F. 8
F 9

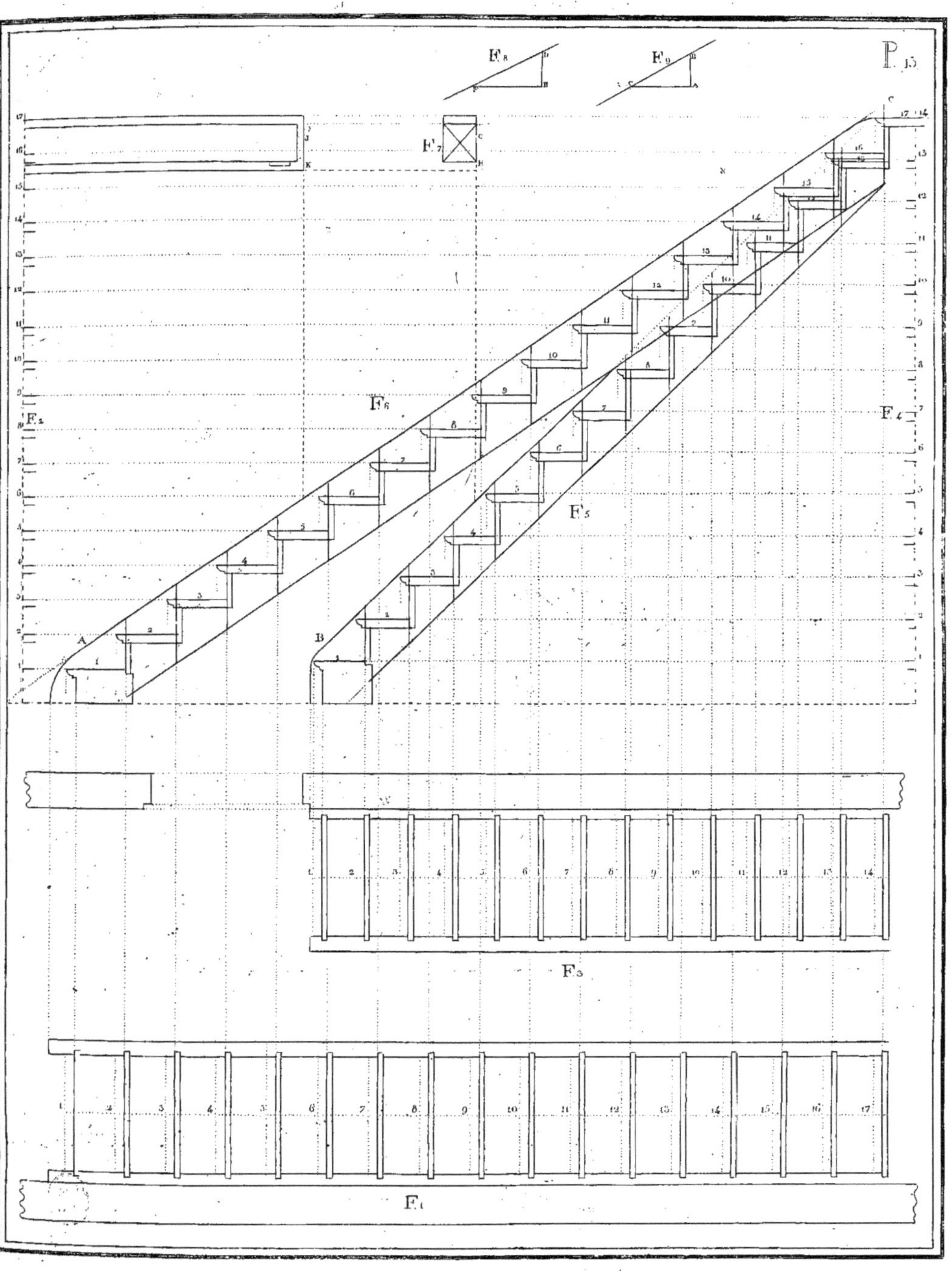

P. 15
F. 1
F. 2
F. 3
F. 4
F. 5
F. 6
F. 7
F. 8
F. 9
A
B

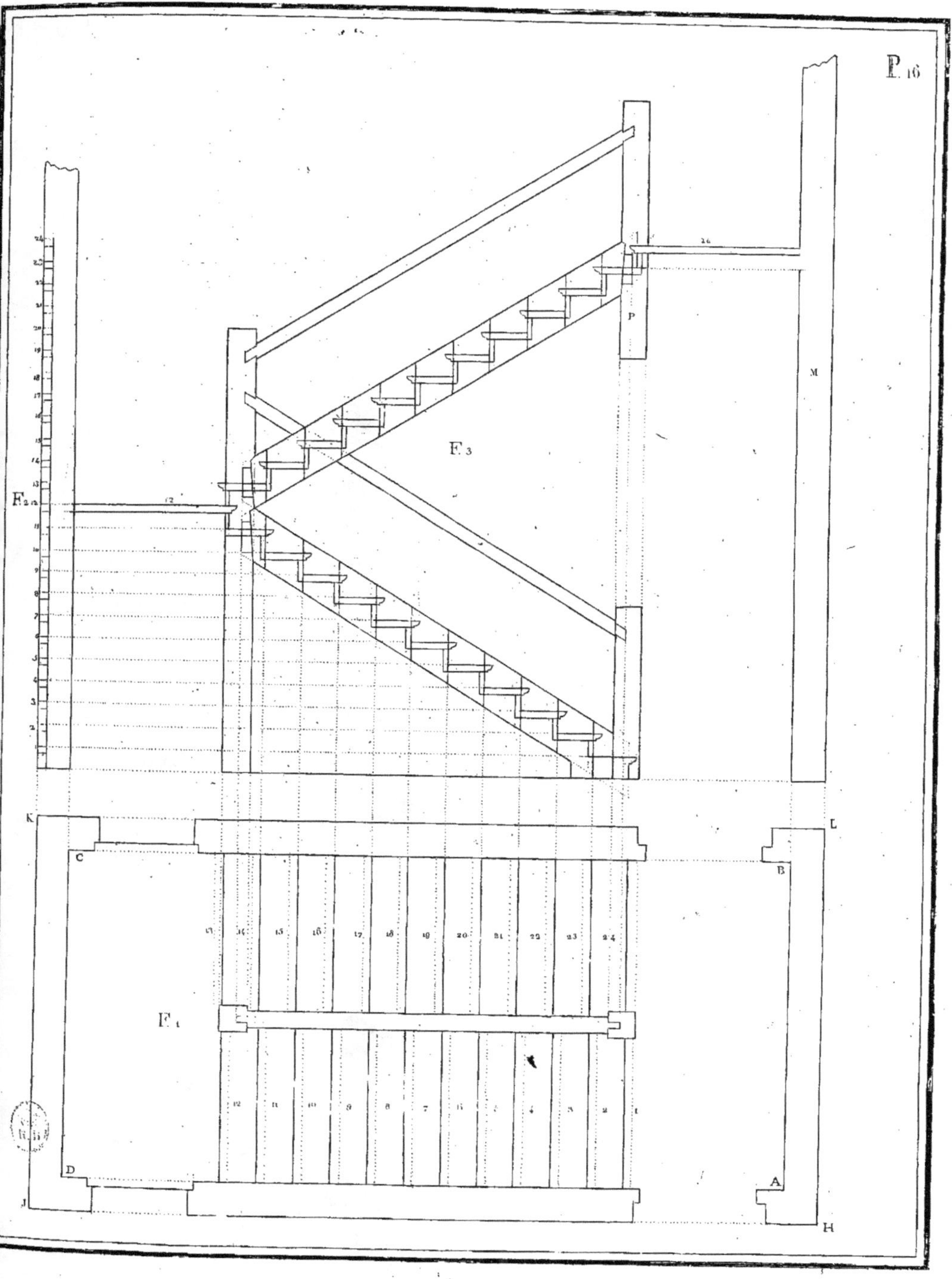
Pl. 16
F. 3
F. 2
F. 1
P
M
K
L
C
B
D
A
H

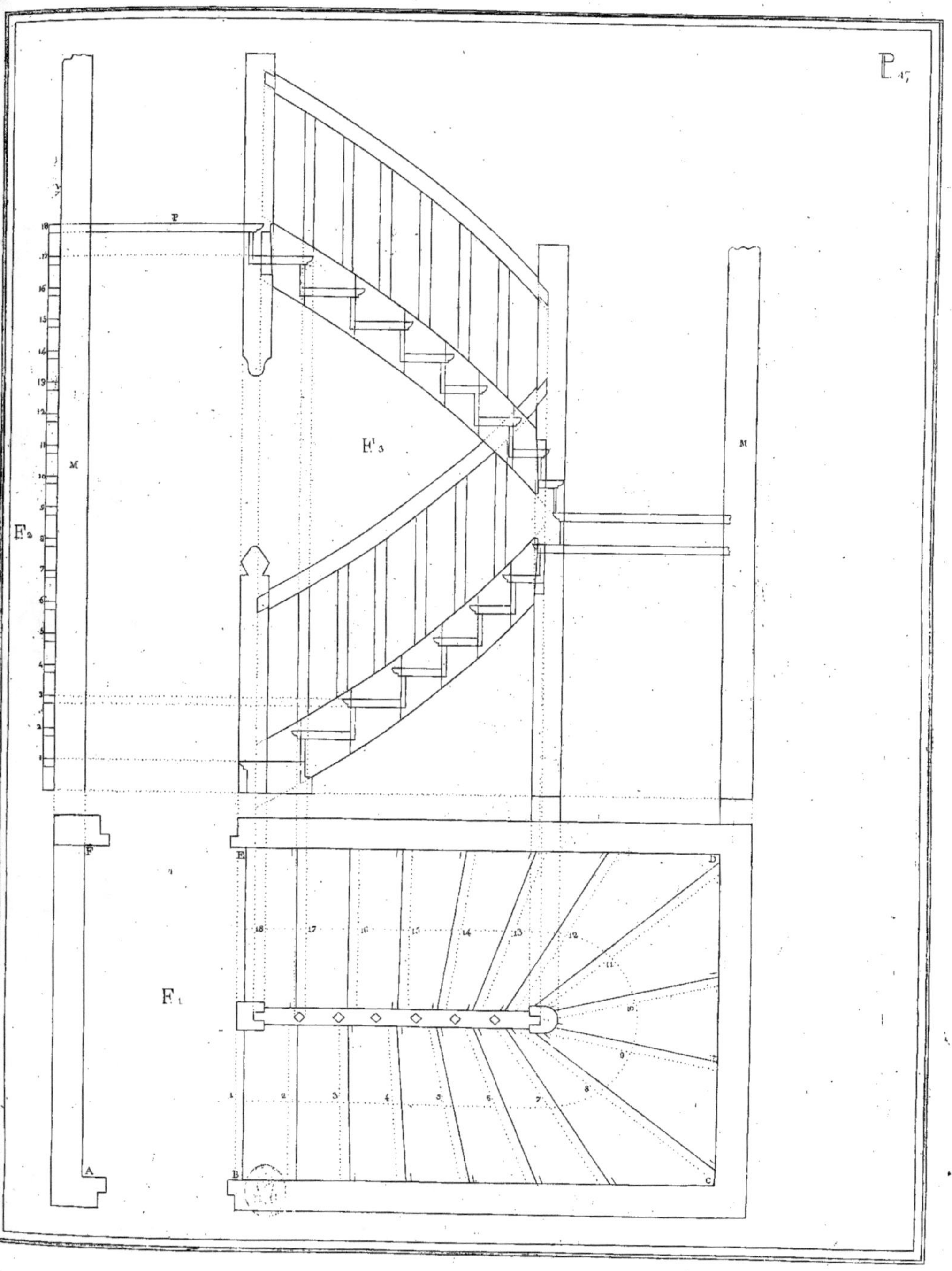

Pl. 17
F2
F'3
F1
M
M
P
A
B
C
D
E
F

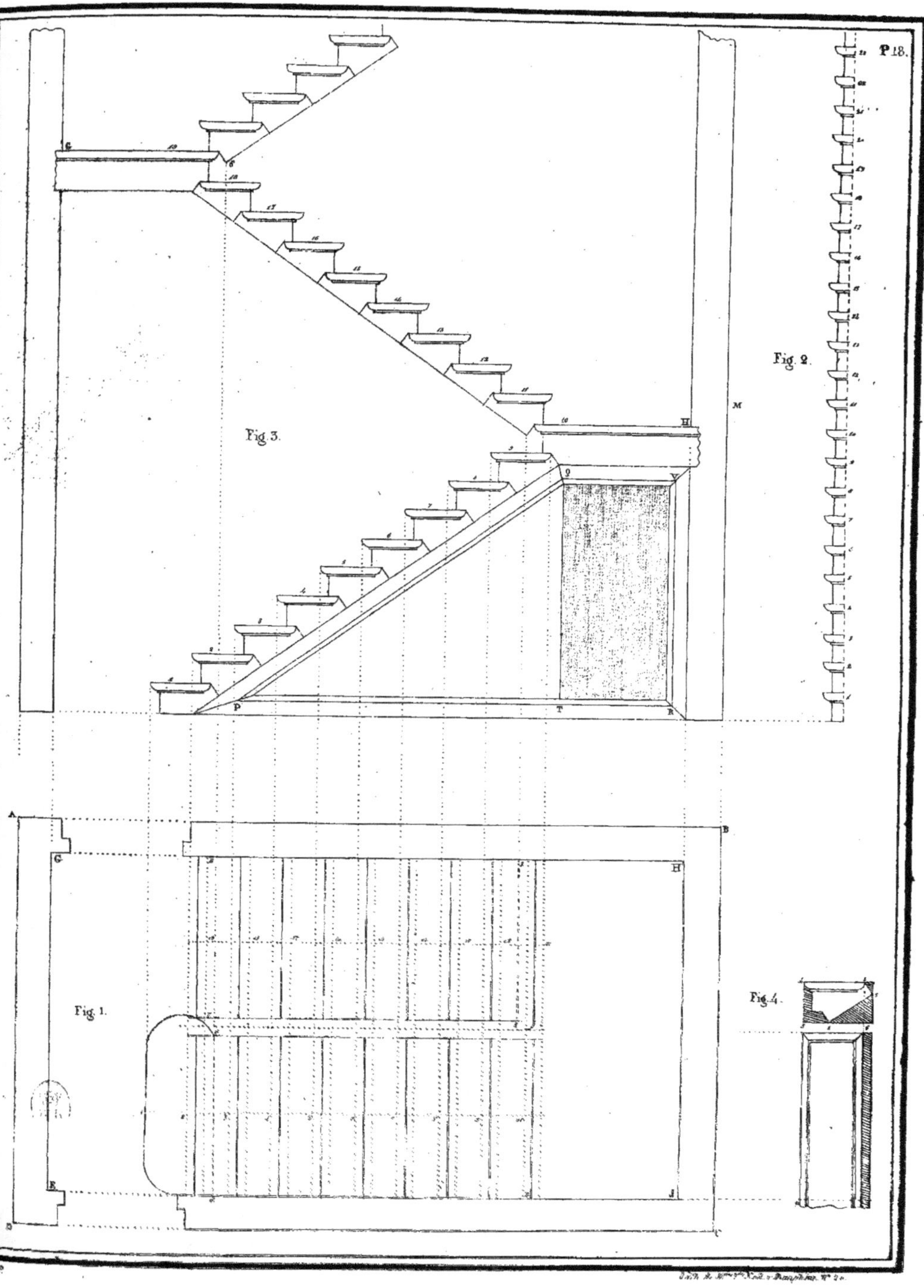
P. 18.
Fig. 3.
Fig. 2.
Fig. 1.
Fig. 4.

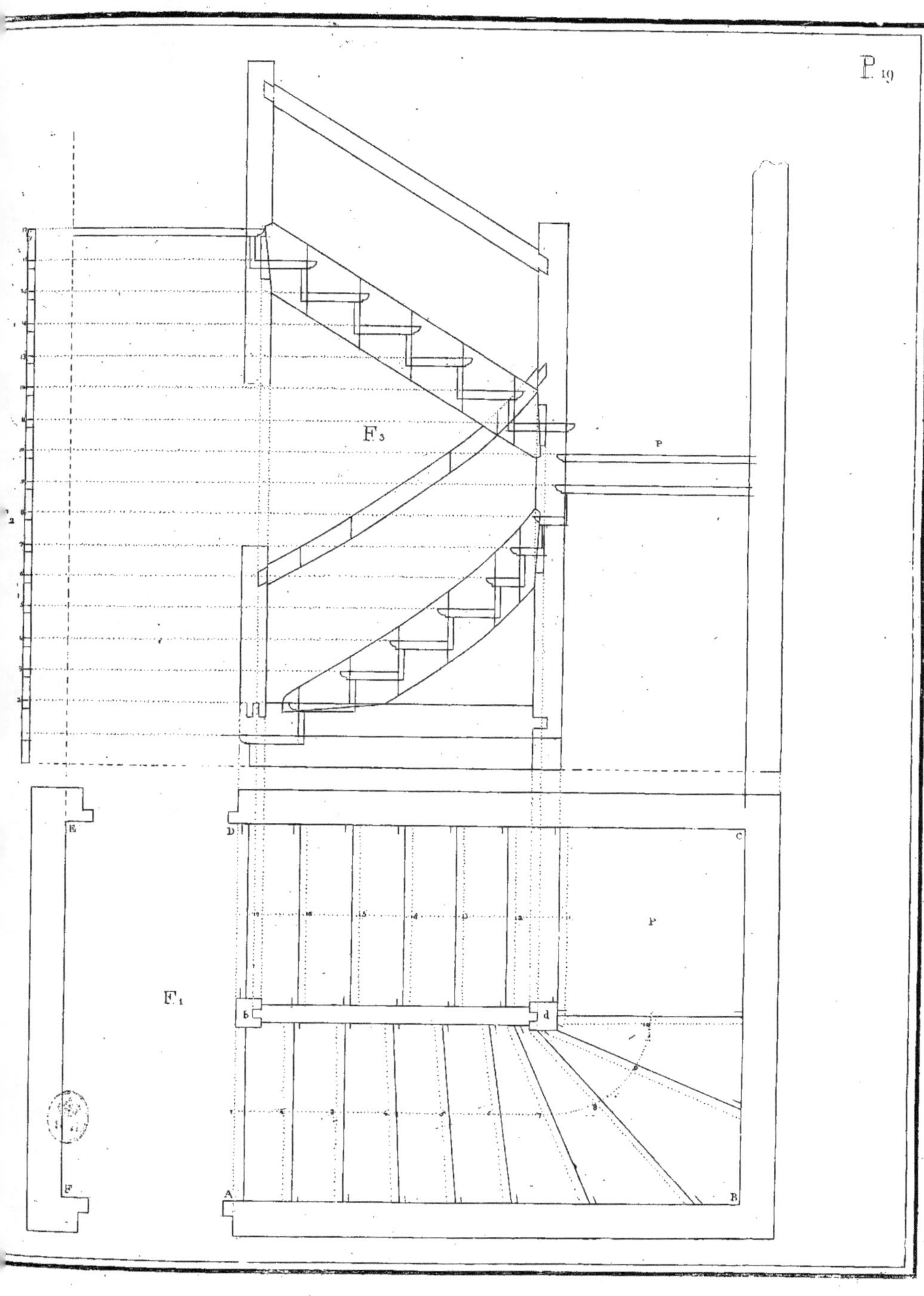
F. 3
P
F. 1
D
C
E
F
A
B
b
d
P

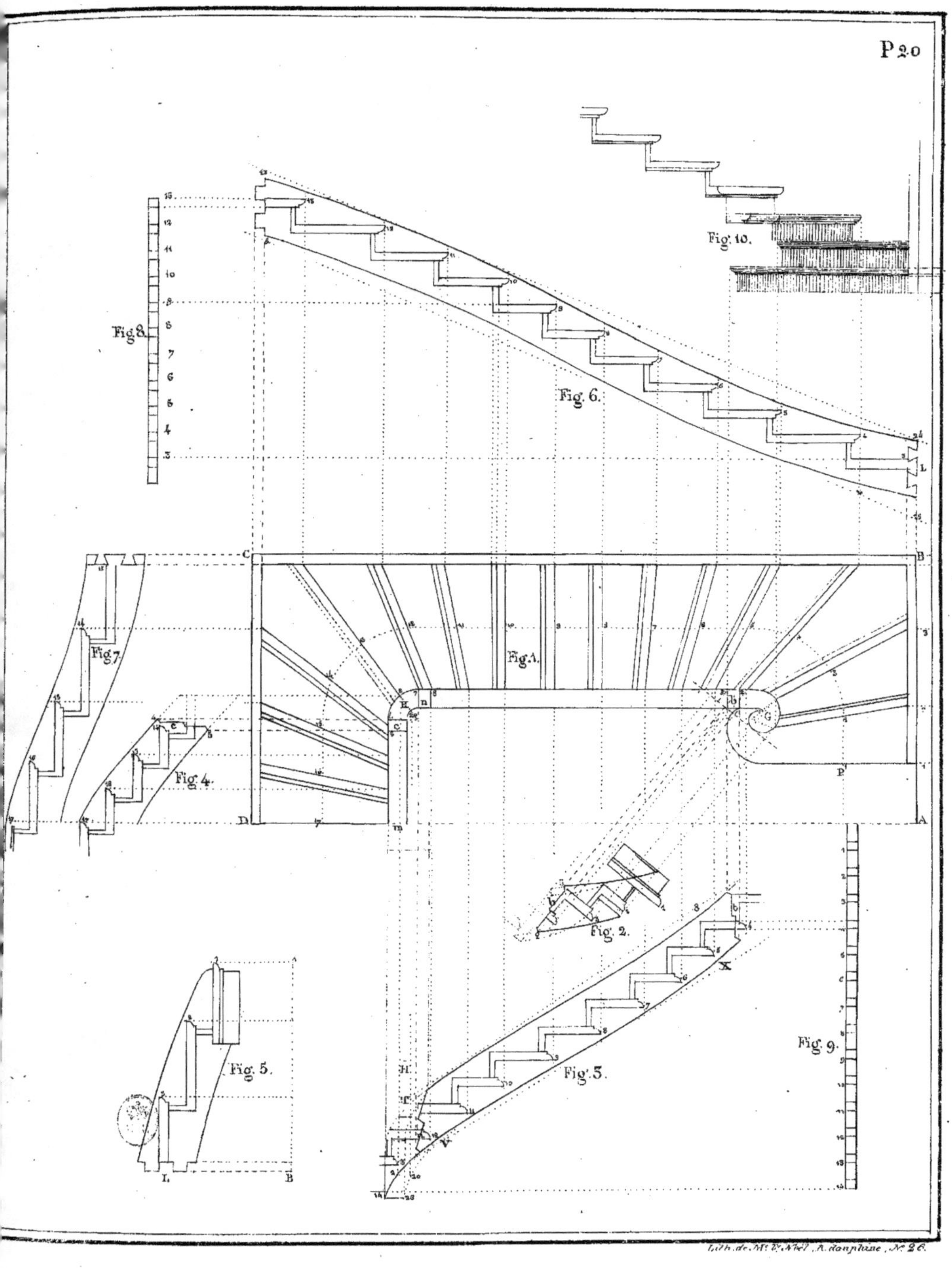


Lith. de M.r V. Niel, R. Dauphine, N.° 26.

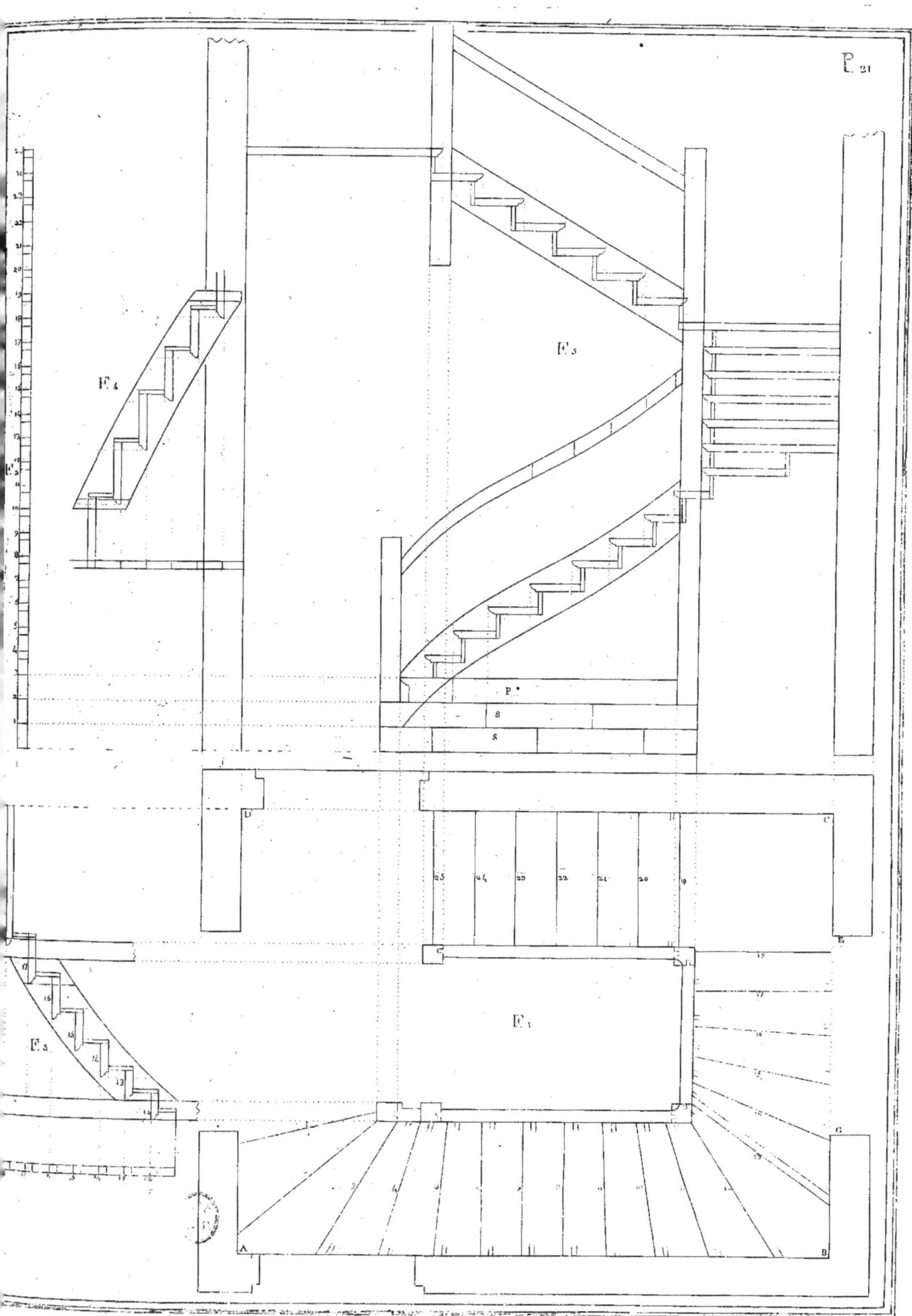

Pl. 21
F. 5
F. 4
F. 1
F. 3
P
S
S
A
B
C
D
E
G
25
24
23
22
21
20
19

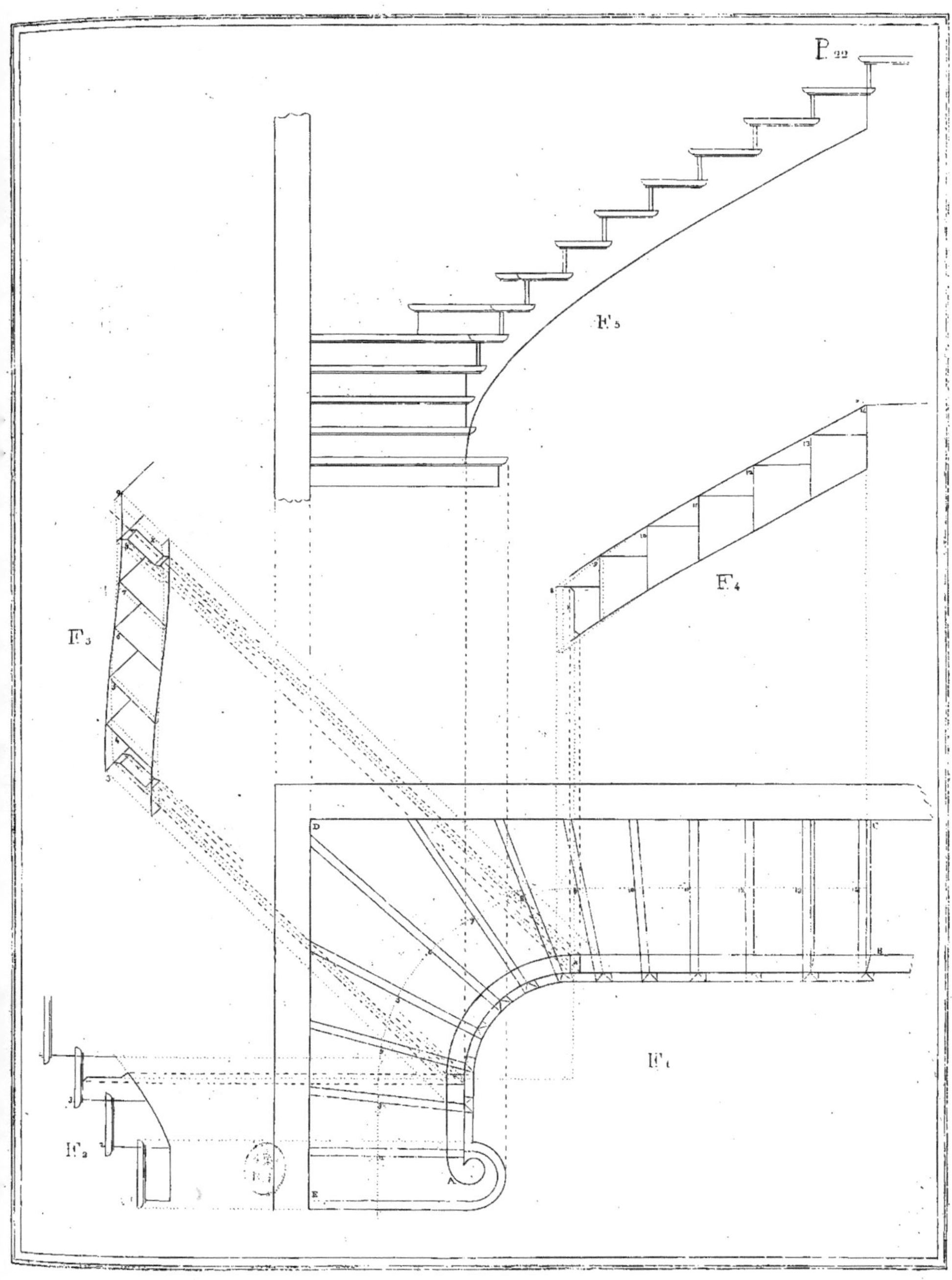

Pl. 22
F. 5
F. 4
F. 3
F. 2
F. 1
D
C
E
A
B

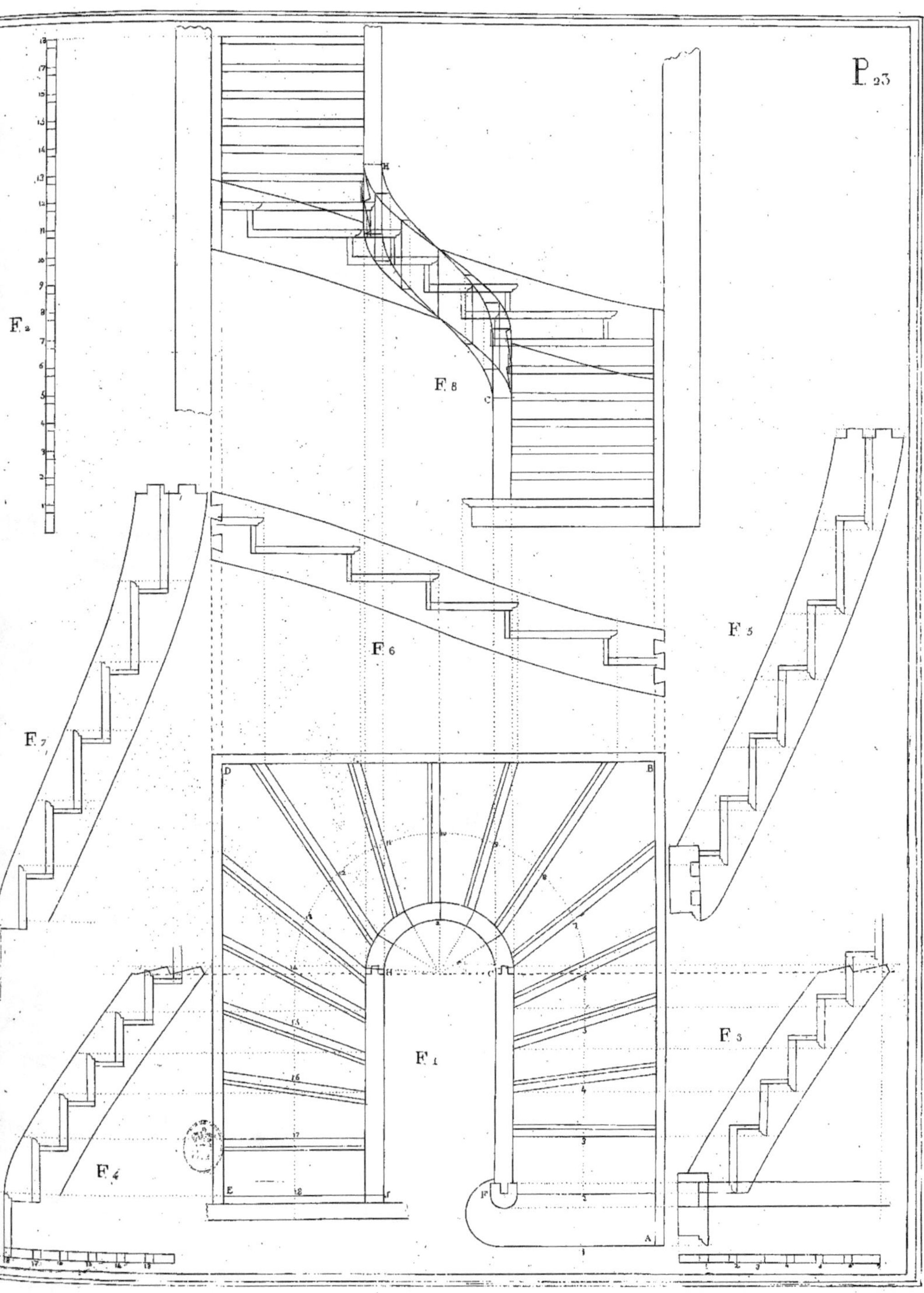

P. 23
F. 2
F. 8
F. 7
F. 6
F. 5
F. 1
F. 3
F. 4

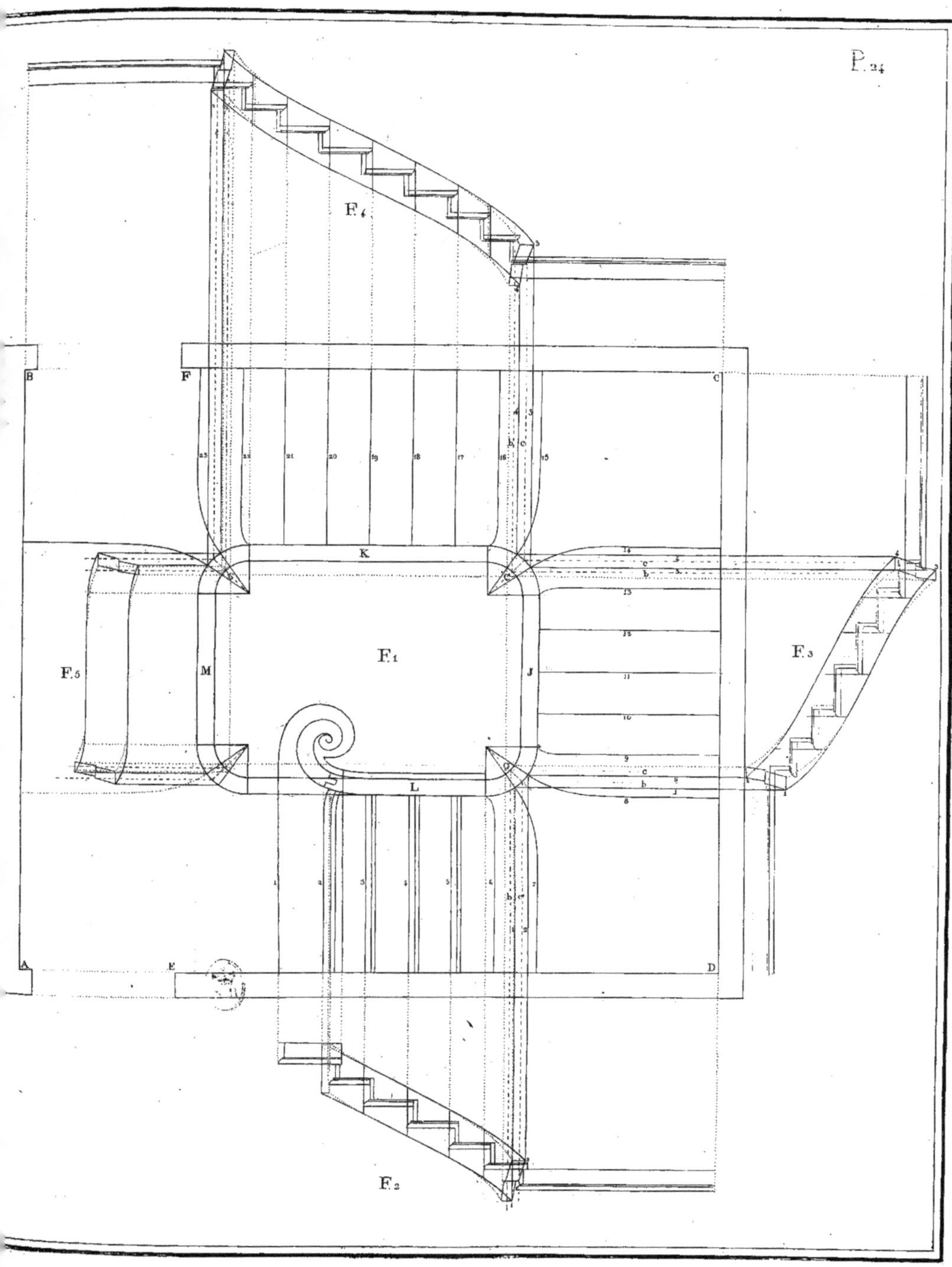
P. 24
F. 4
F. 1
F. 2
F. 3
F. 5
B
F
C
A
E
D
K
L
M
J

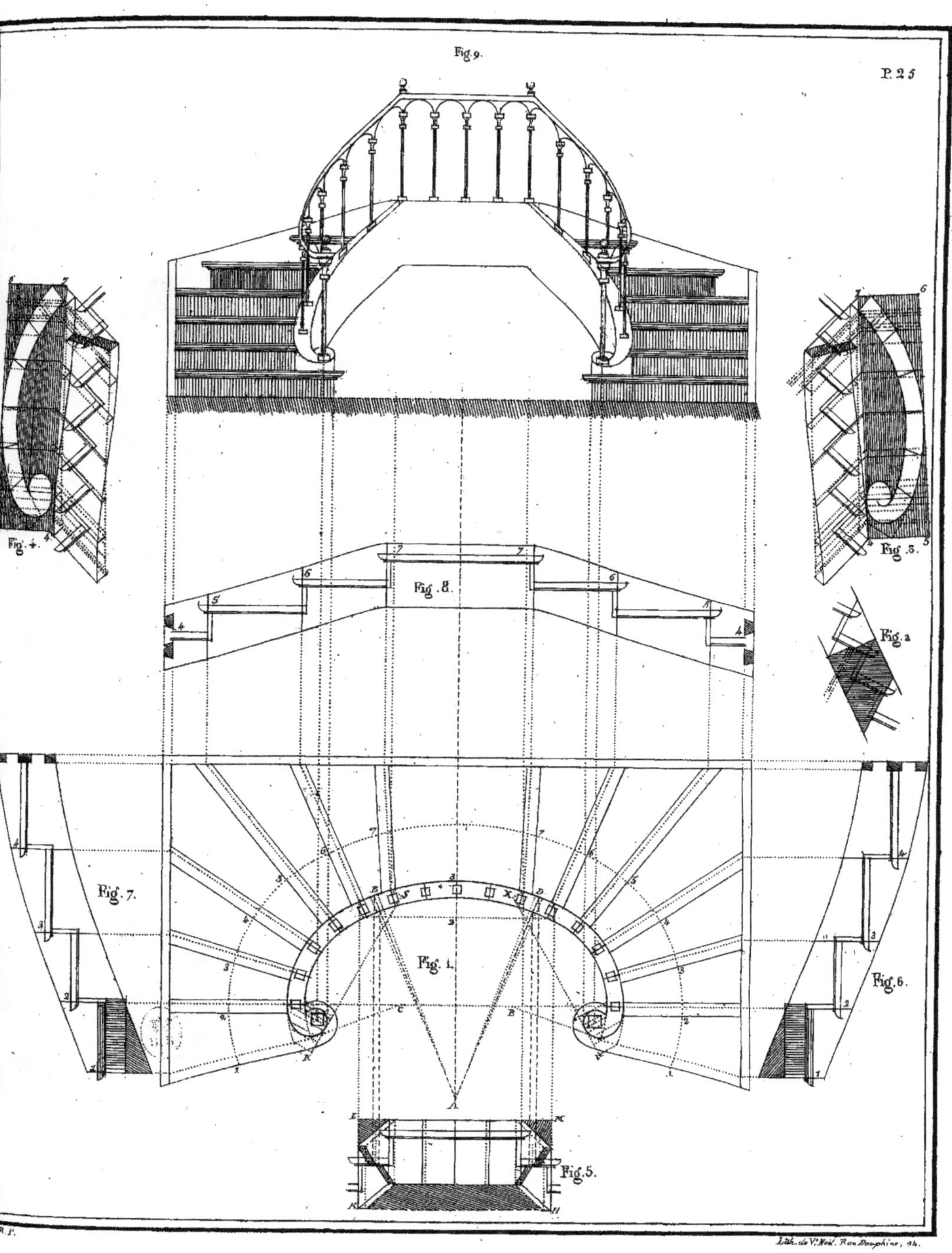
Fig. 9.
P. 25
Fig. 8.
Fig. 4.
Fig. 3.
Fig. 2.
Fig. 7.
Fig. 1.
Fig. 6.
Fig. 5.
Lith. de Vve Heid, Rue Dauphine, 24.

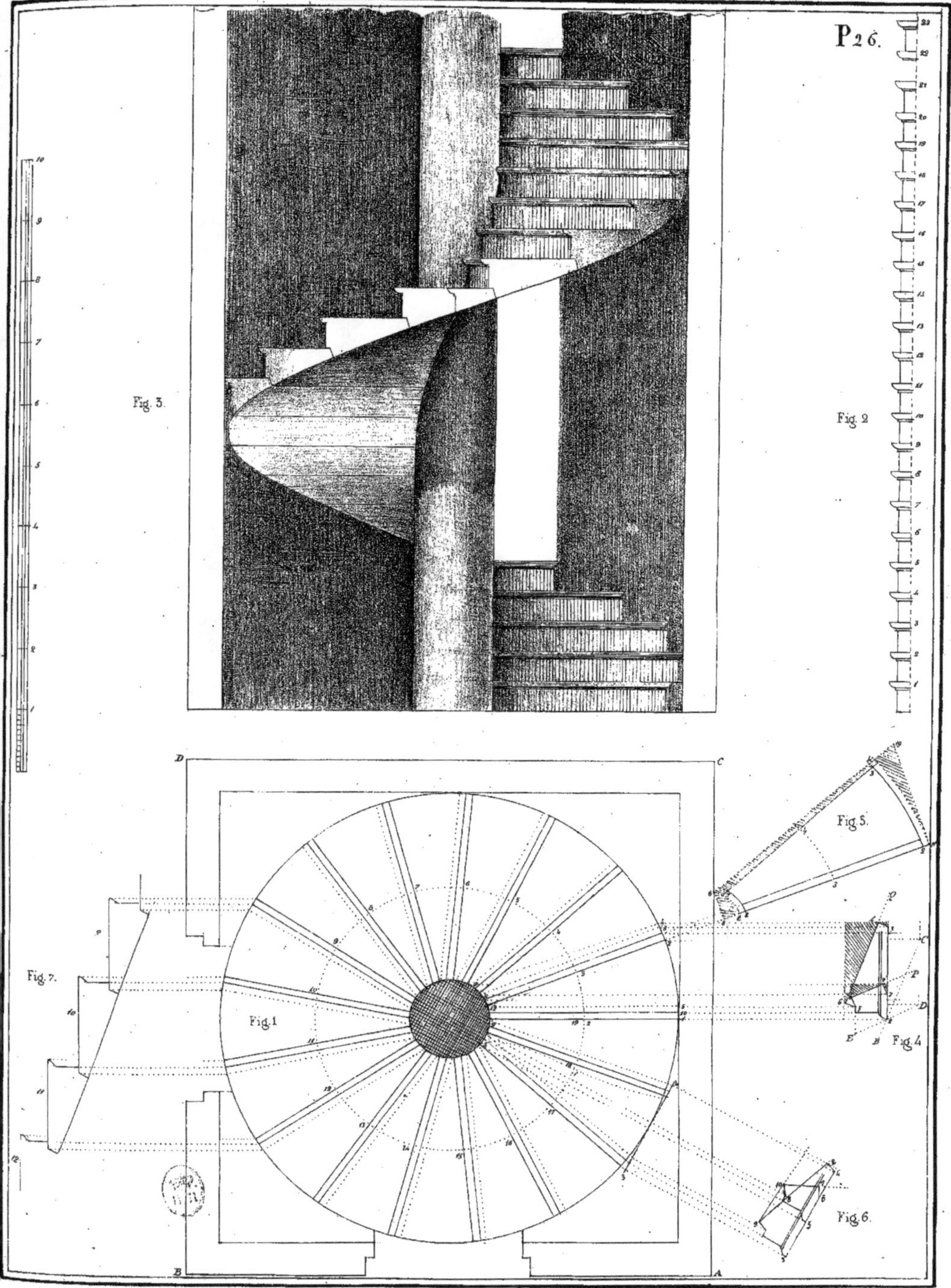
P 26.
Fig. 3.
Fig. 2
Fig. 5.
Fig. 7.
Fig. 1
Fig. 4
Fig. 6.
D
C
B
A

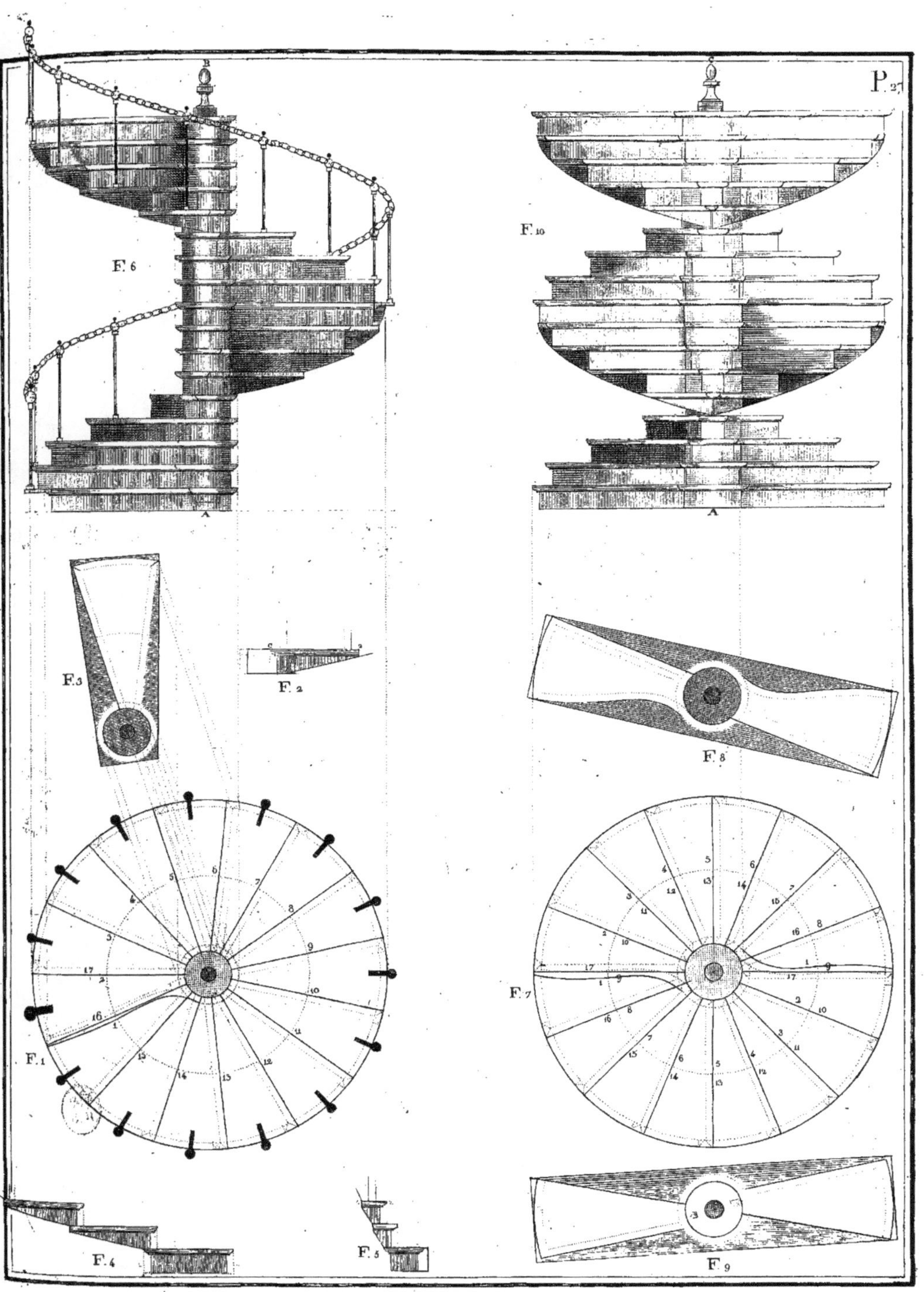
P. 27
F. 6
F. 10
F. 3
F. 2
F. 8
F. 1
F. 7
F. 4
F. 5
F. 9

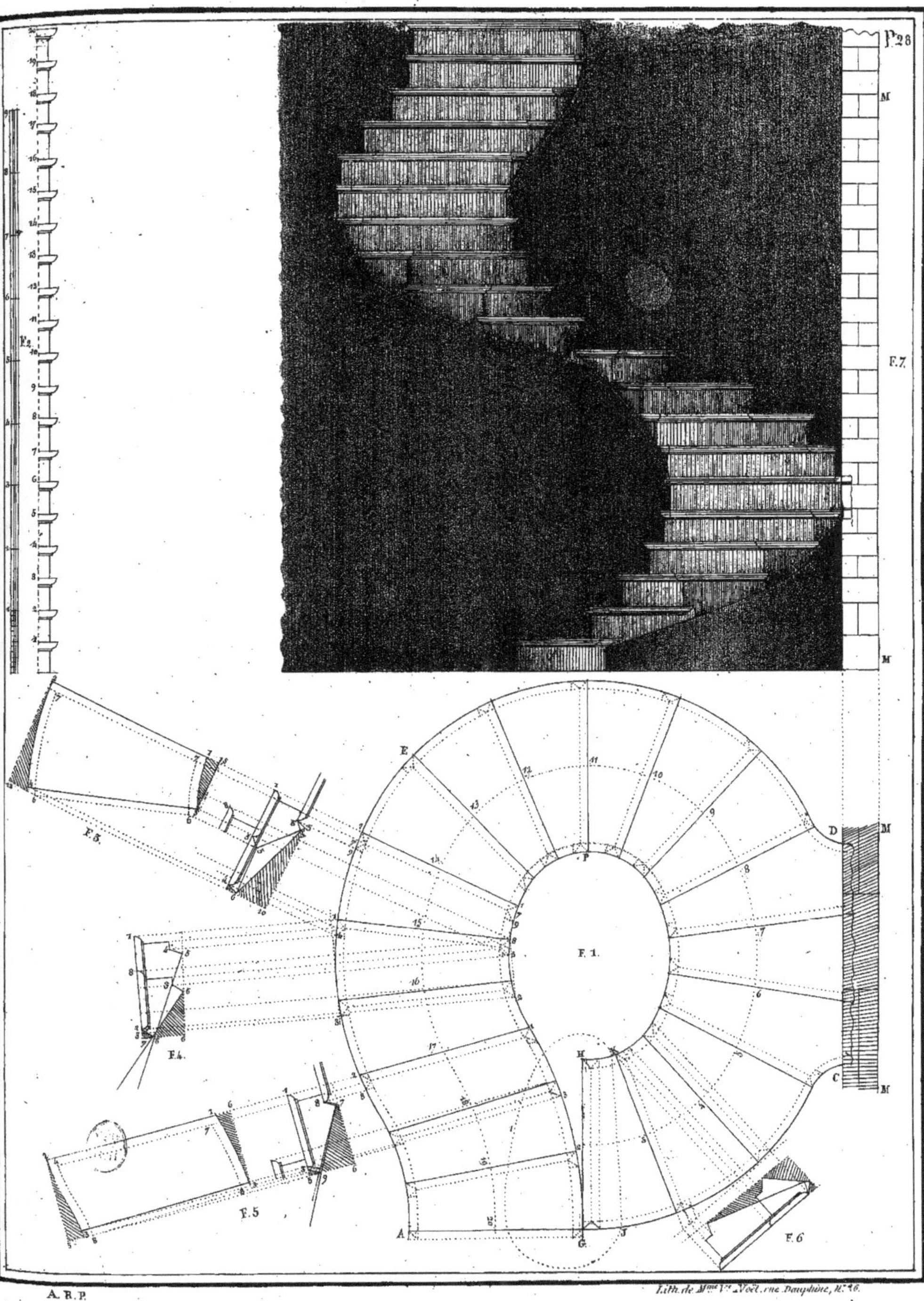


A. B. P.
Lith. de Mme Ve Noël, rue Dauphine, N° 26.

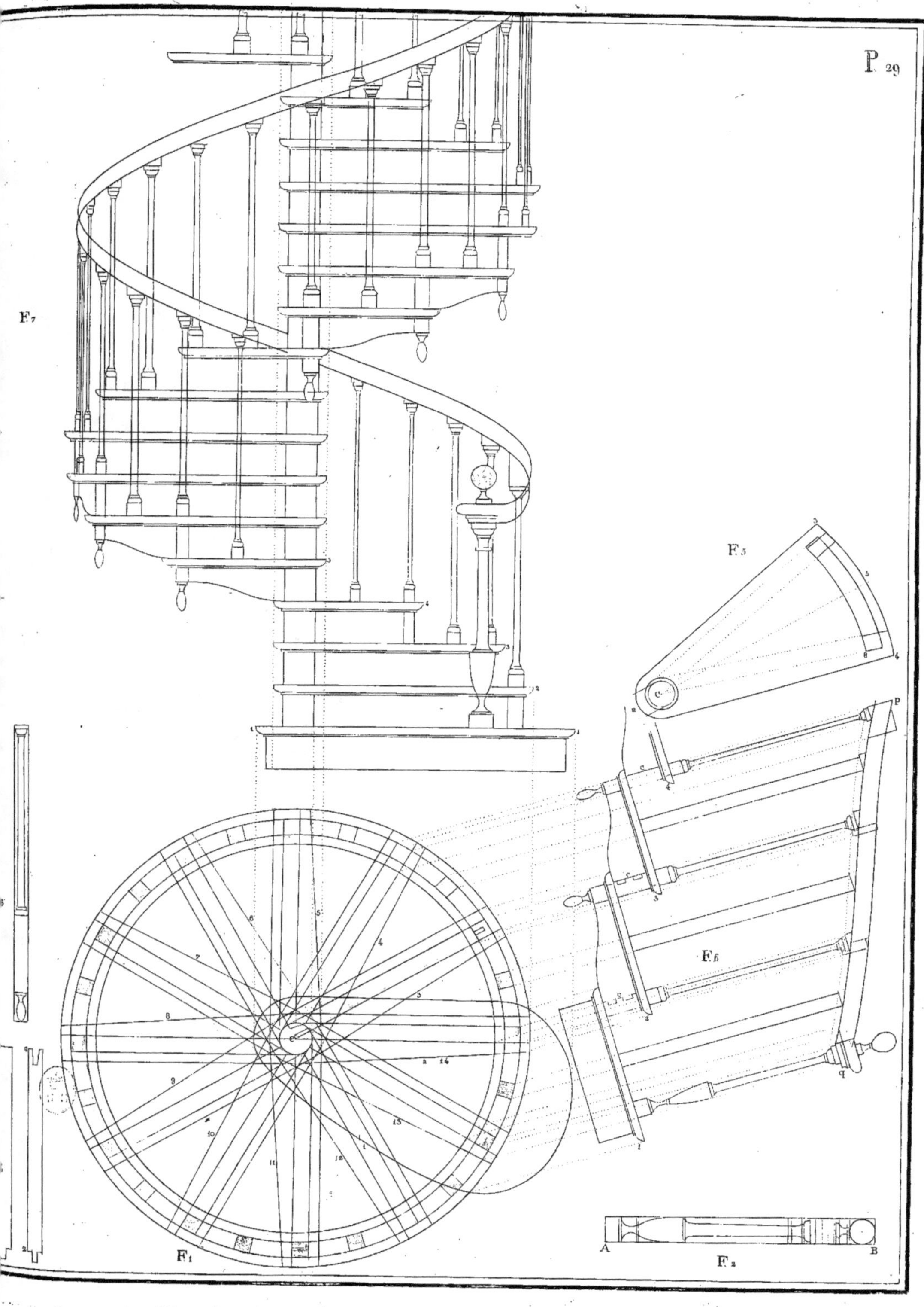

P. 29
F. 7
F. 5
F. 6
F. 1
F. 2
A
B

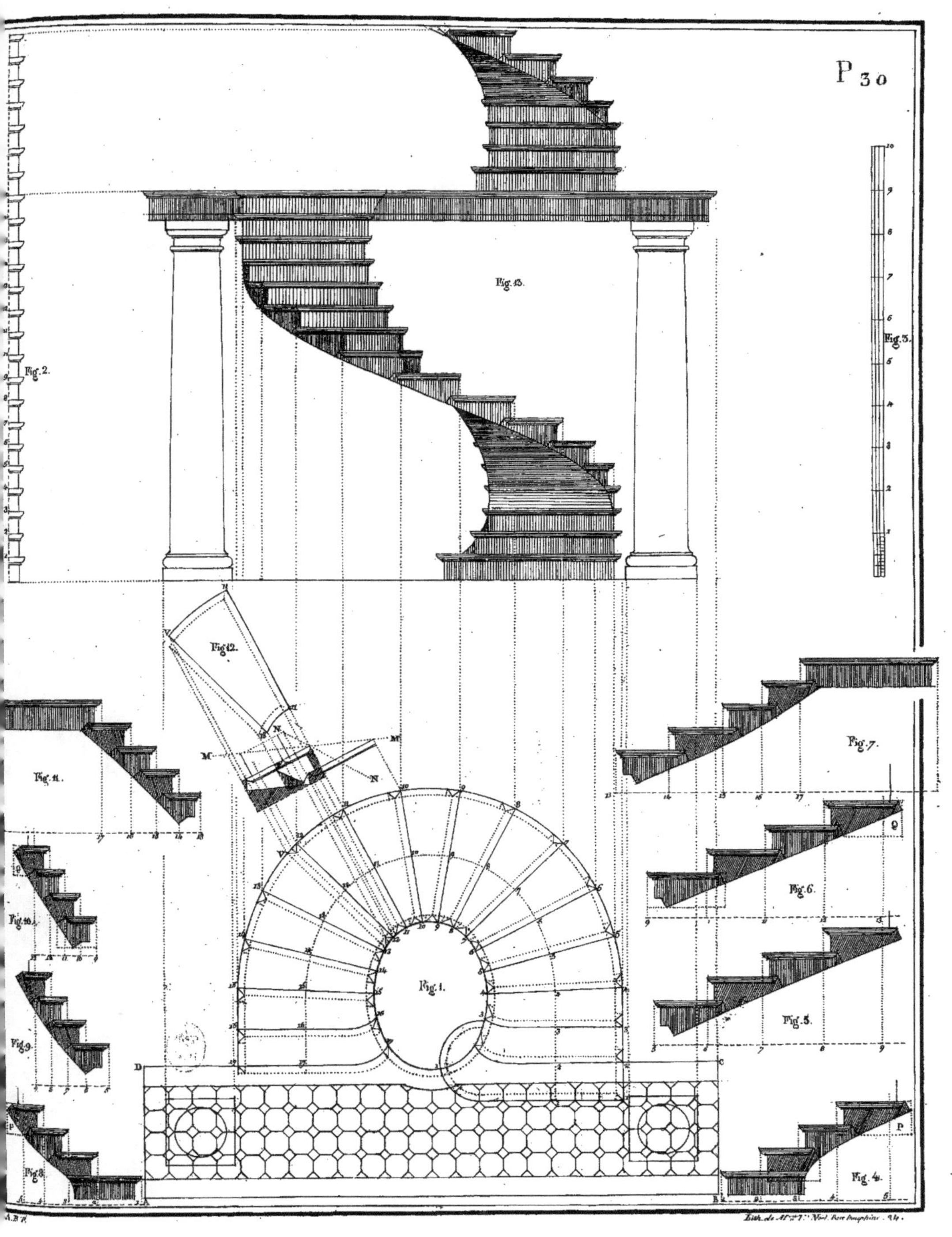


Lith. de Mr. Vve. Noël, Rue Dauphine 24.

Fig. 12.
Fig. 11.
Fig. 8.
Fig. 7.
Fig. 6.
Fig. 5.
Fig. 4.
Fig. 3.
Fig. 1.
Fig. 10
Fig. 9.

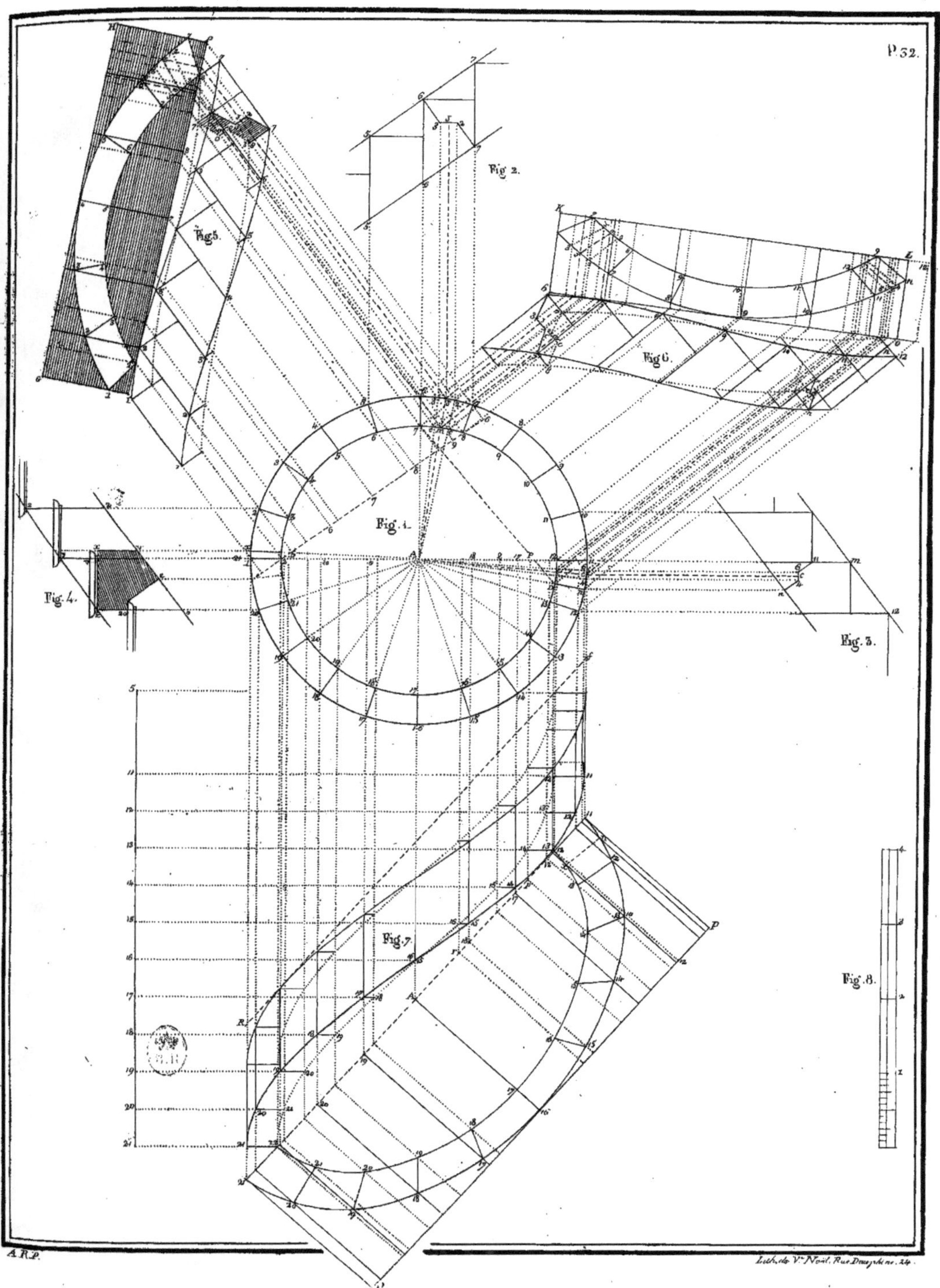


A.R.P.
Lith. de Vve Noël, Rue Dauphine, 24.

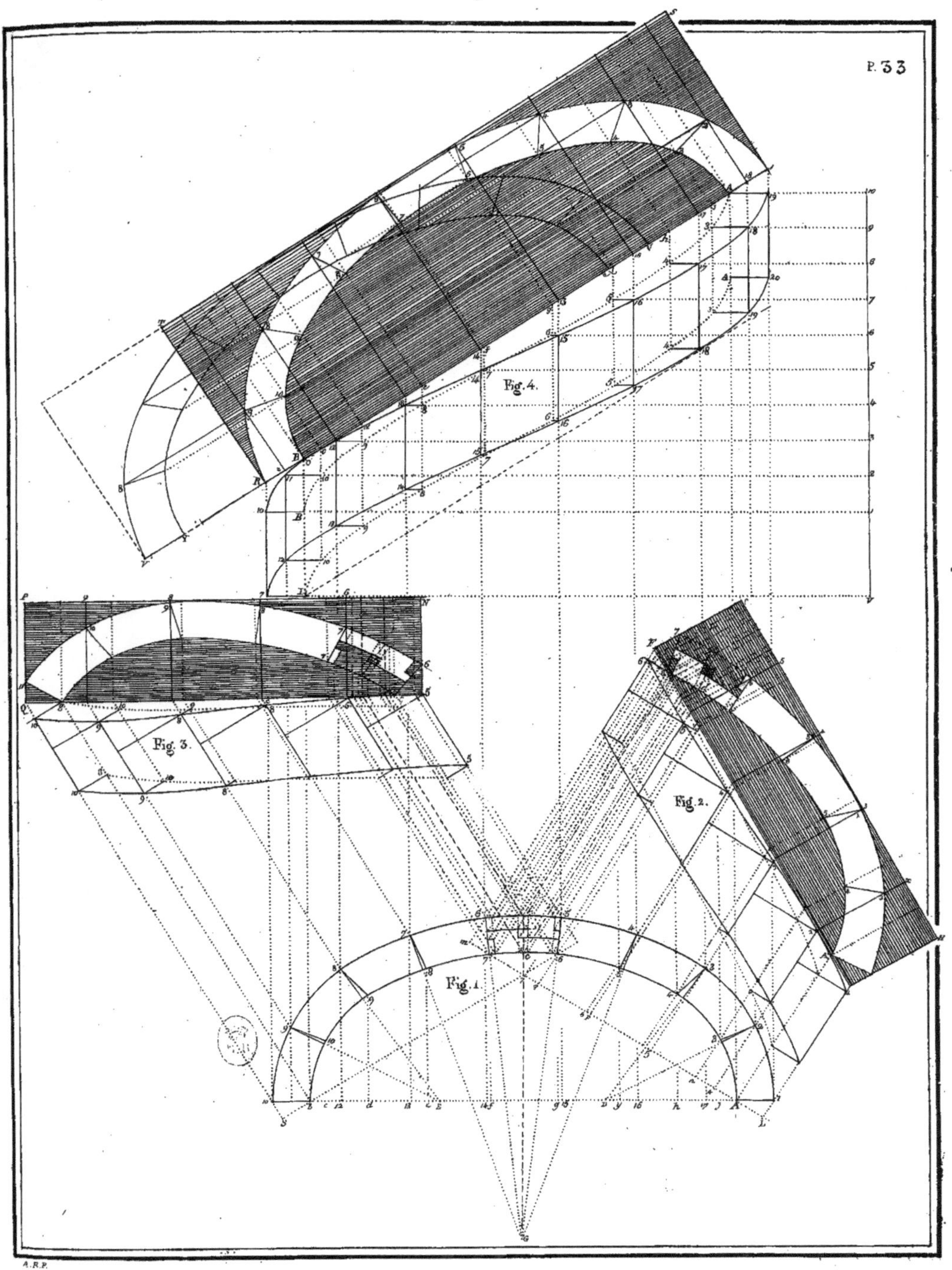
Fig. 4.
Fig. 3.
Fig. 2.
Fig. 1.

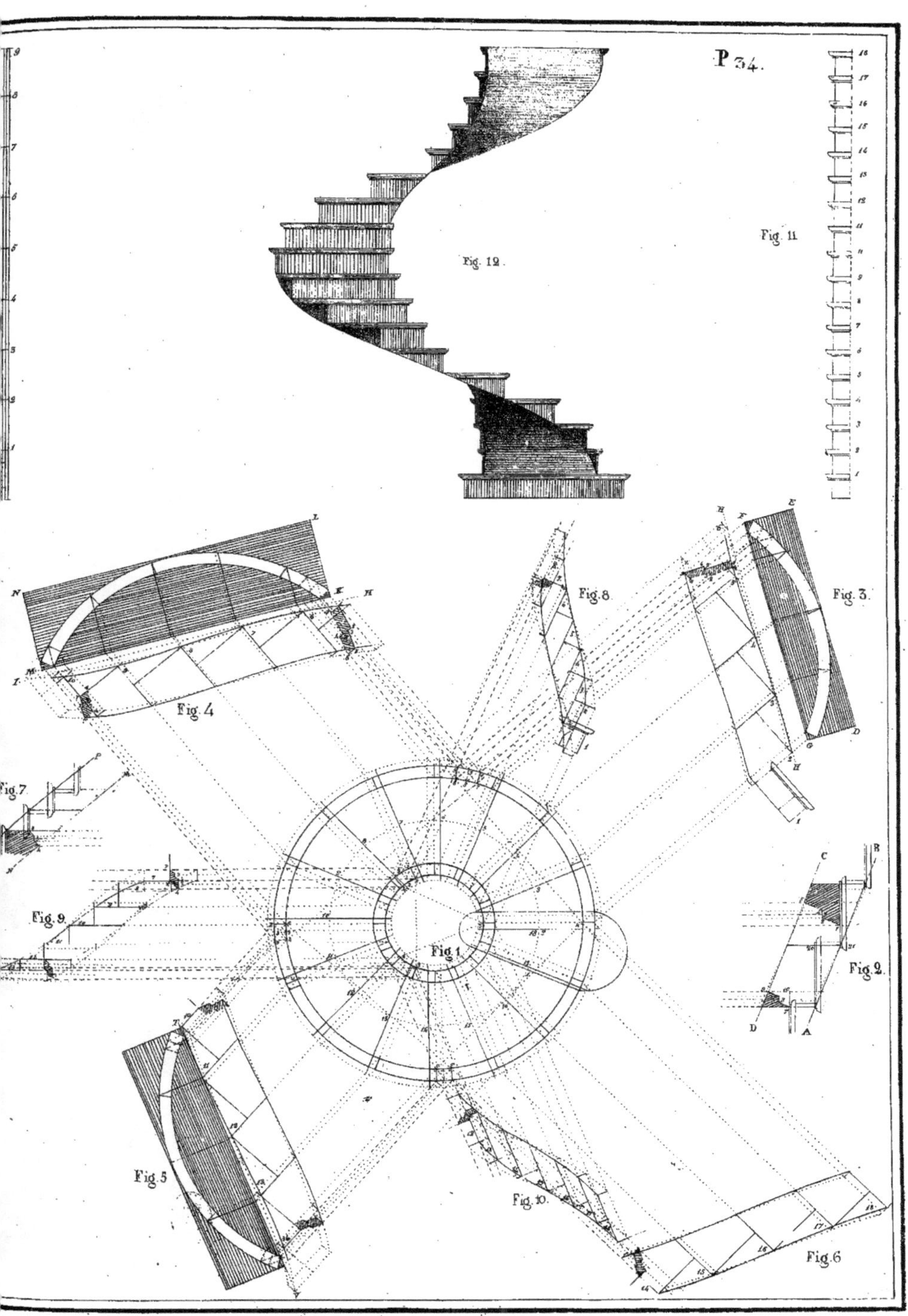
P 34.
Fig. 12.
Fig. 11
Fig. 8
Fig. 3.
Fig. 4
Fig. 7.
Fig. 9.
Fig. 1
Fig. 2.
Fig. 5
Fig. 10.
Fig. 6

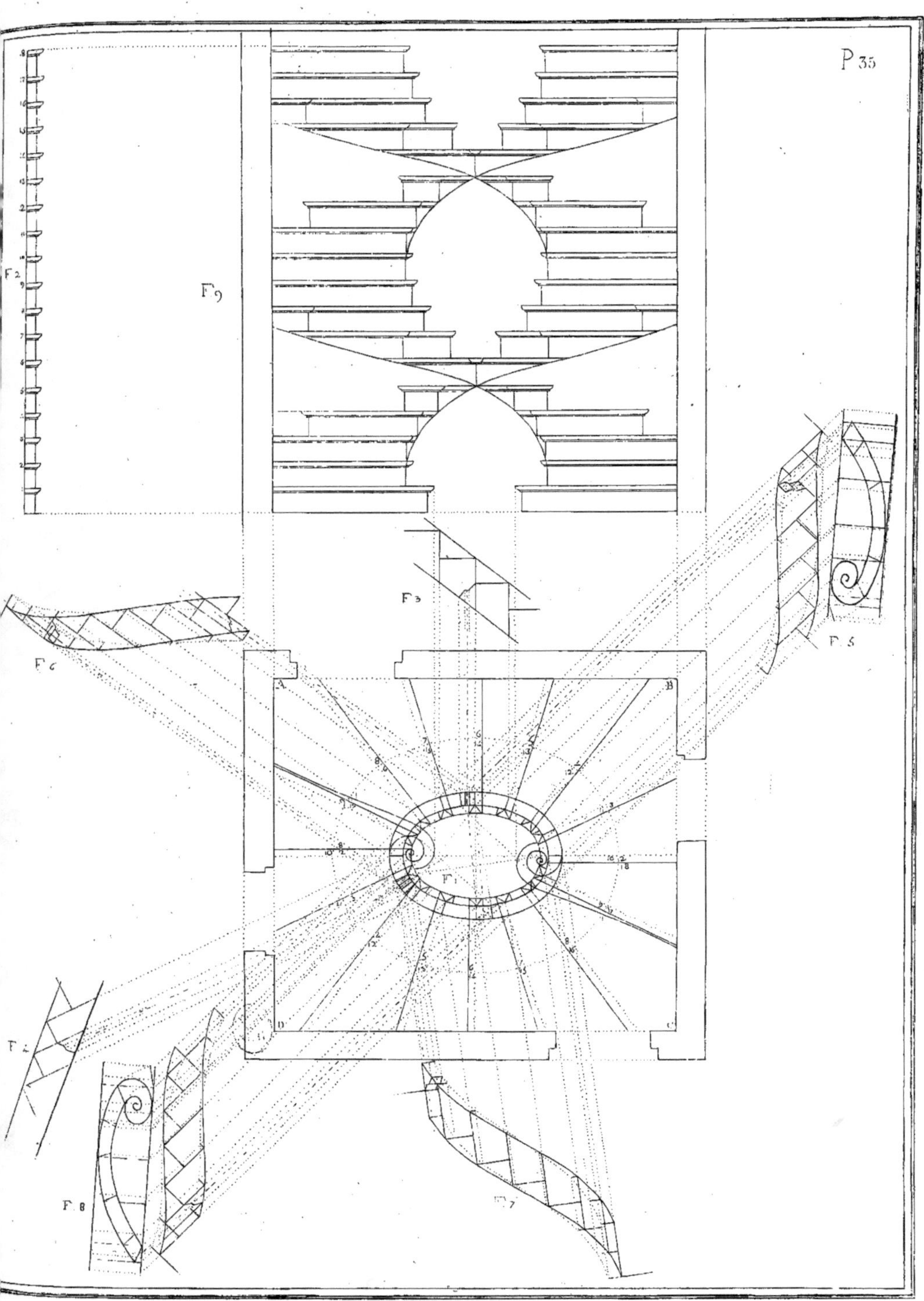
F 2
F 9
F 3
F 6
F 5
A
B
F 1
D
C
F 4
F 8
F 7

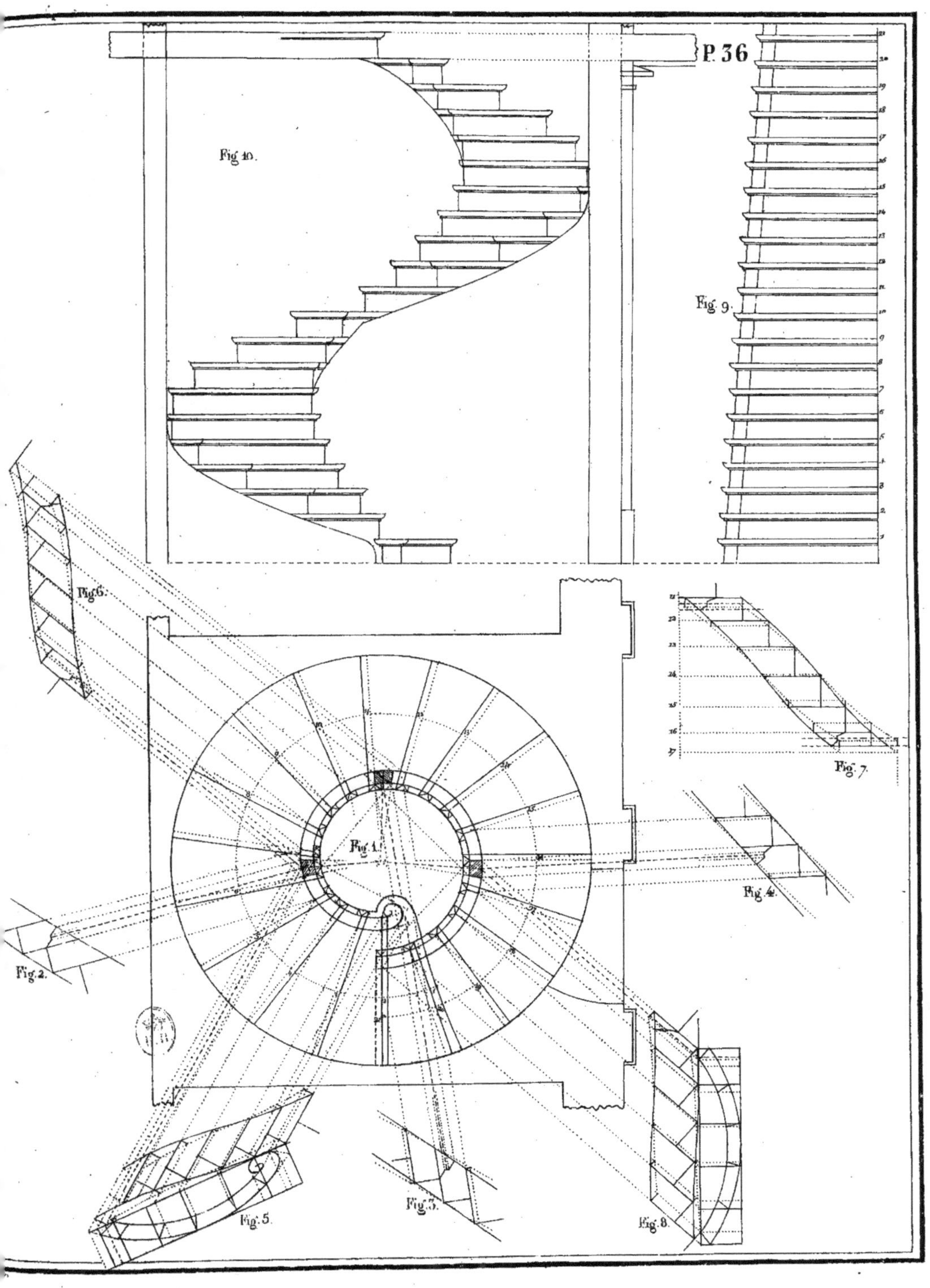
P. 36
Fig. 10.
Fig. 9.
Fig. 6.
Fig. 1.
Fig. 7.
Fig. 4.
Fig. 2.
Fig. 5.
Fig. 3.
Fig. 8.

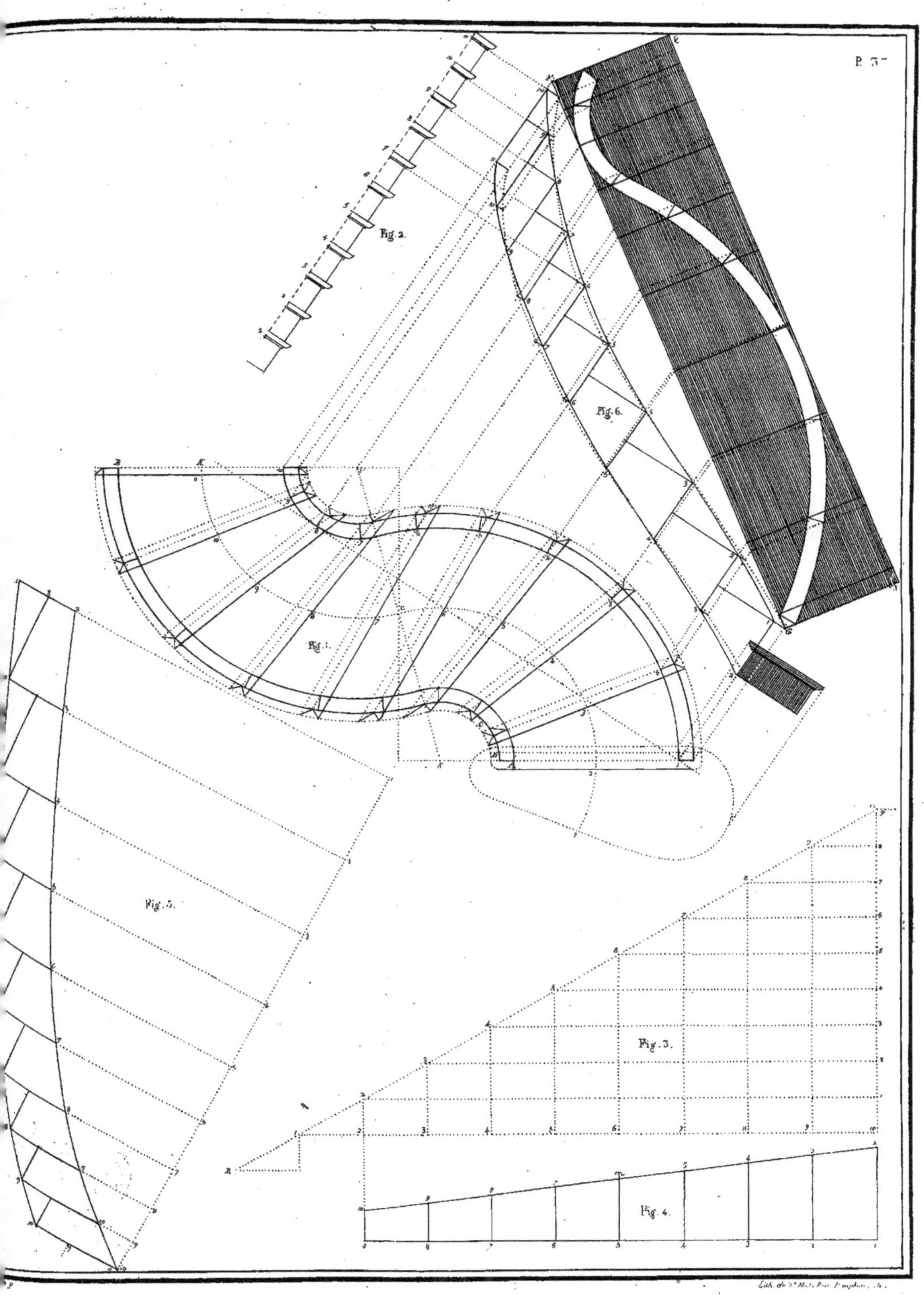


Lith. de Ve Moit, Rue Dauphine, 16.

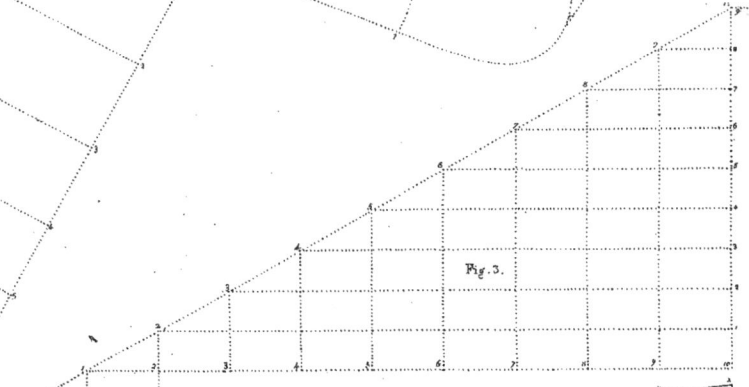

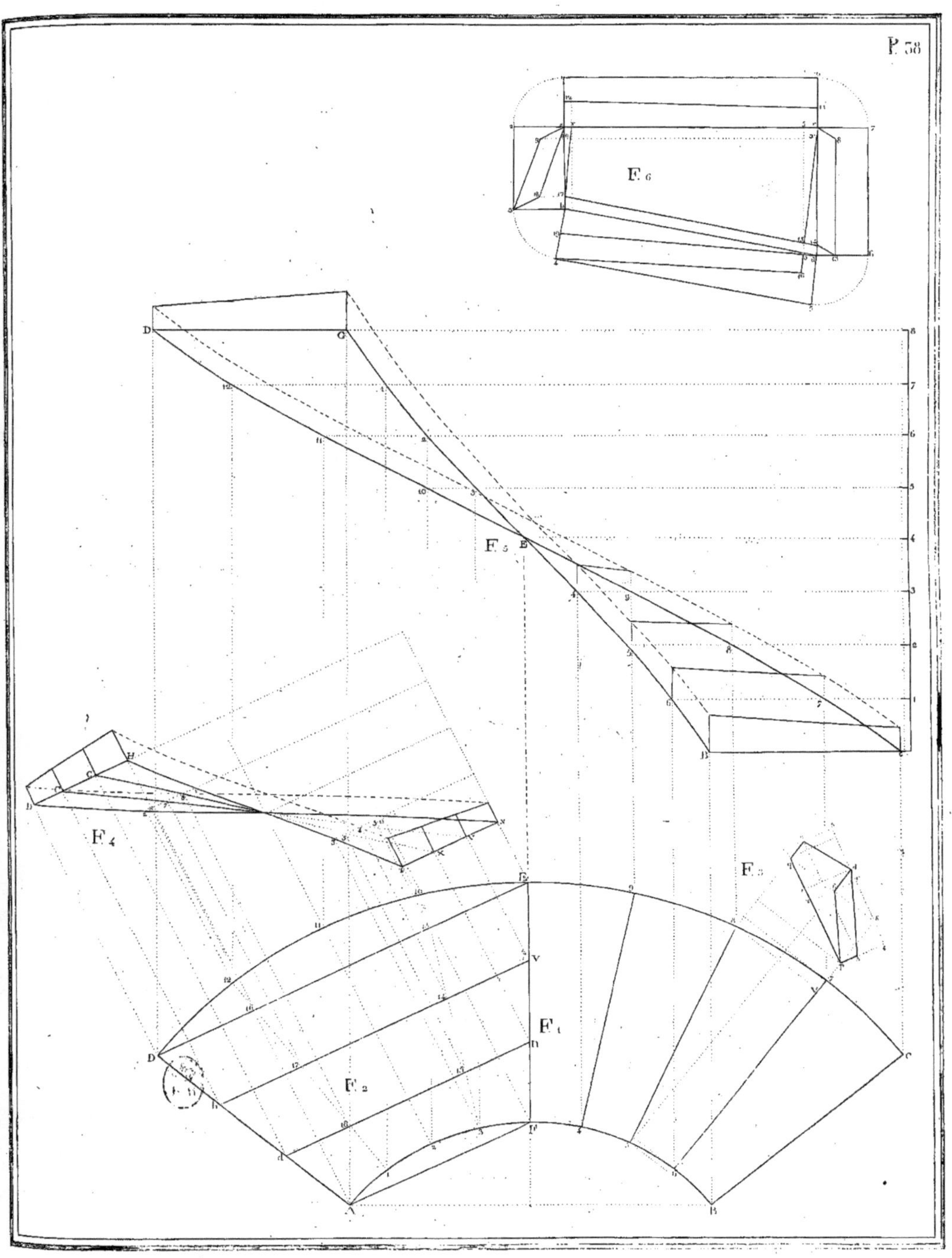
F. 6
F. 5
F. 4
F. 3
F. 2
F. 1

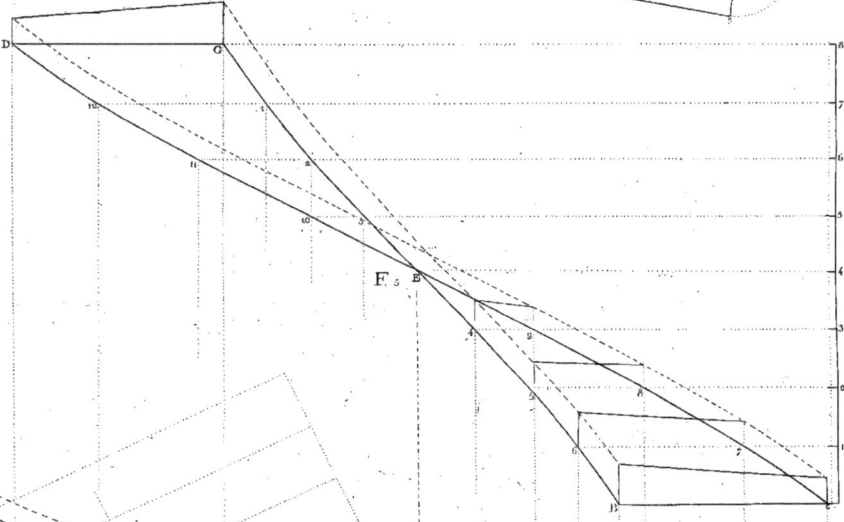

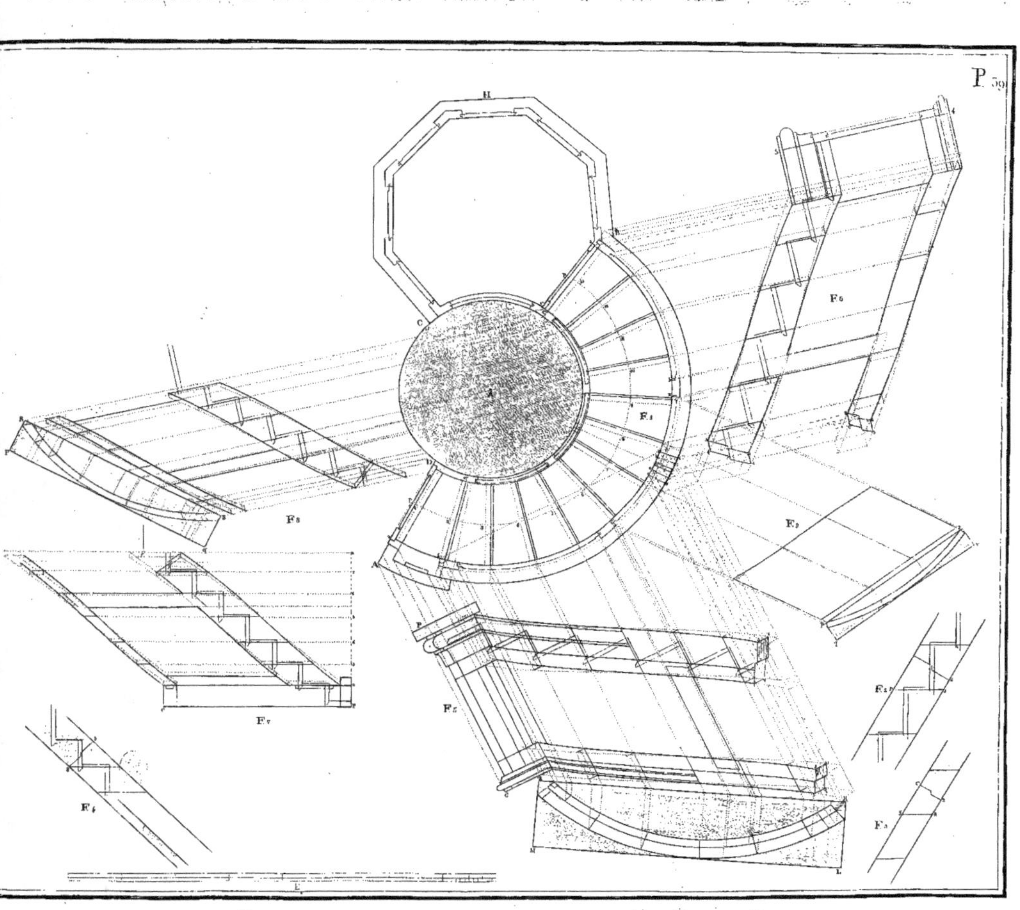
P. 59
F. 1
F. 2
F. 3
F. 4
F. 5
F. 6
F. 7
F. 8
F. 9

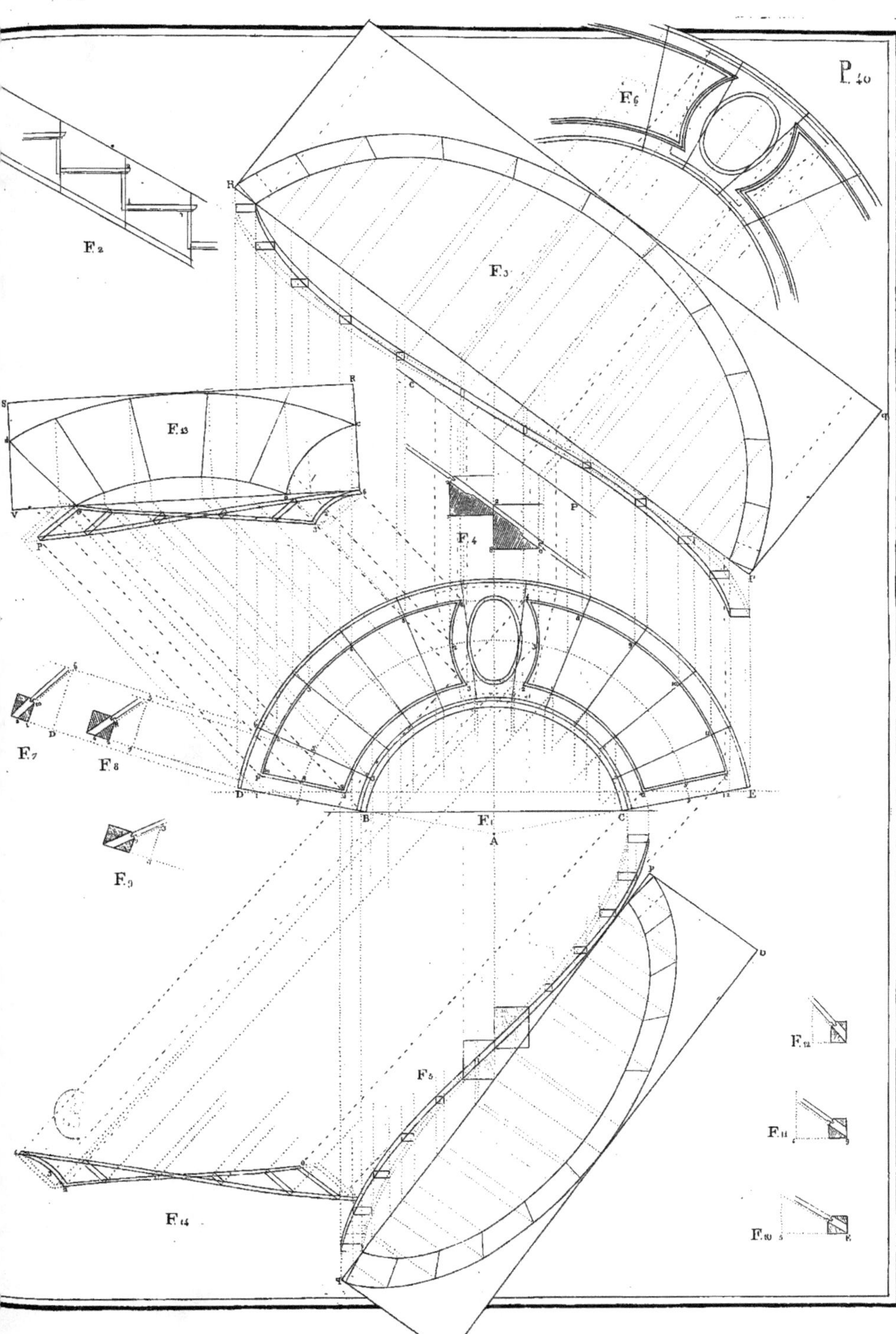
P. 40
F. 2
F. 3
F. 4
F. 5
F. 6
F. 7
F. 8
F. 9
F. 10
F. 11
F. 12
F. 13
F. 14

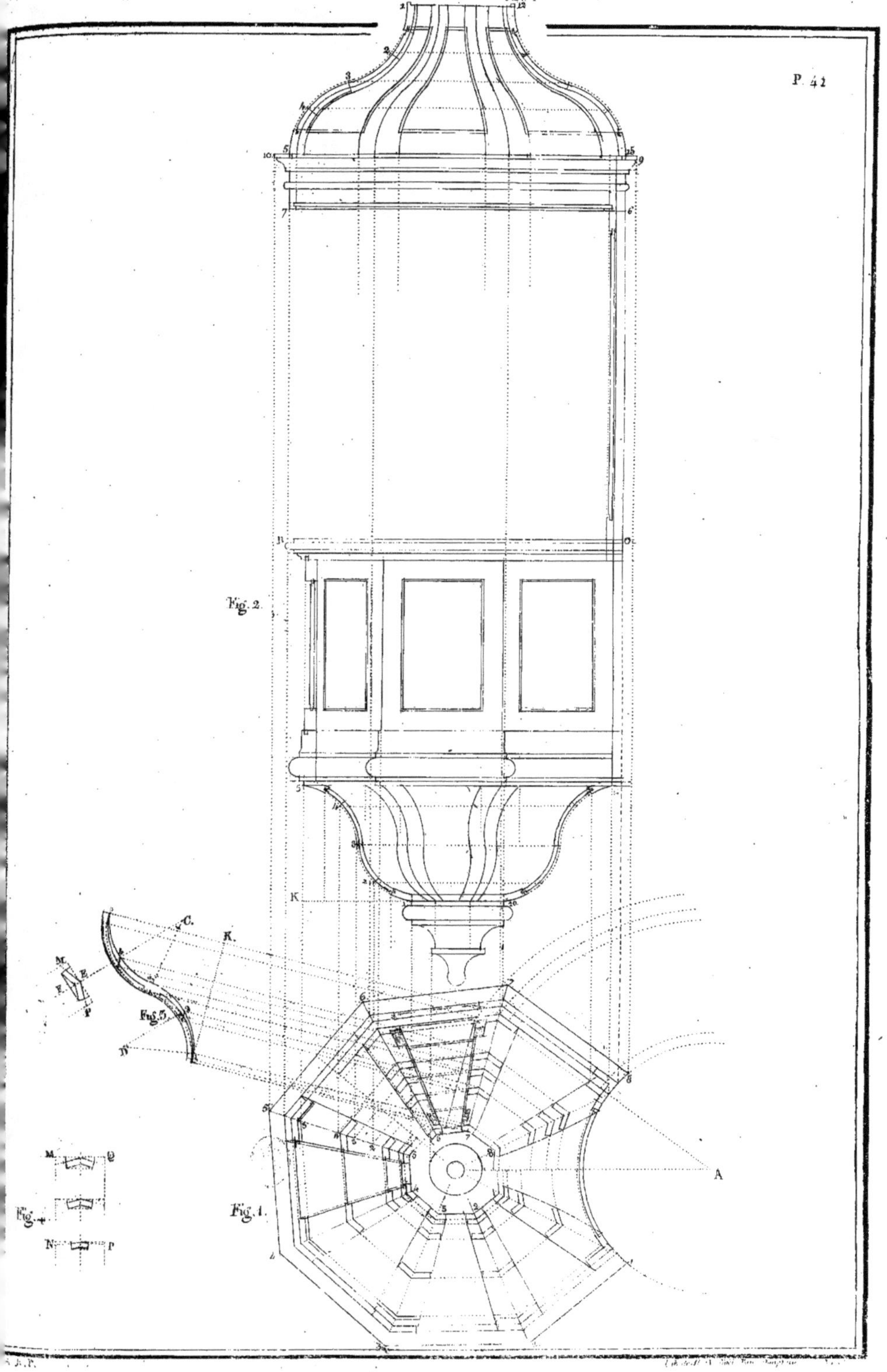
Fig. 2.
Fig. 3.
Fig. 4.
Fig. 1.
A
K
C.
D.
M.
N
P

P. 42.

A.P.

Litho. de Mme Ve Noel, R. Dauphine, 24.

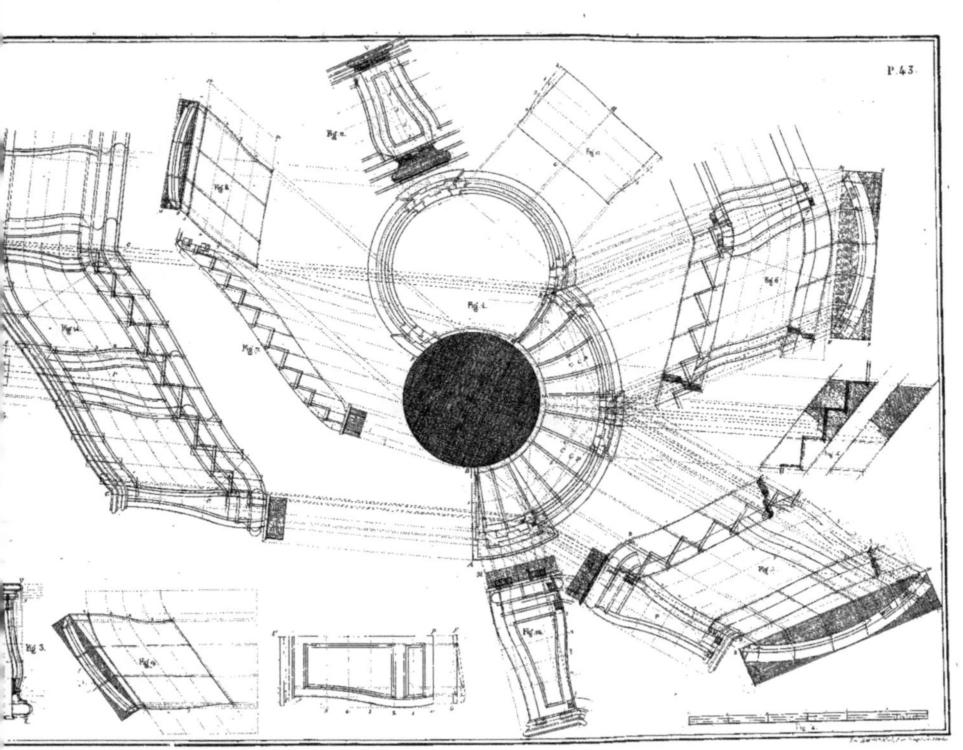
P. 43.

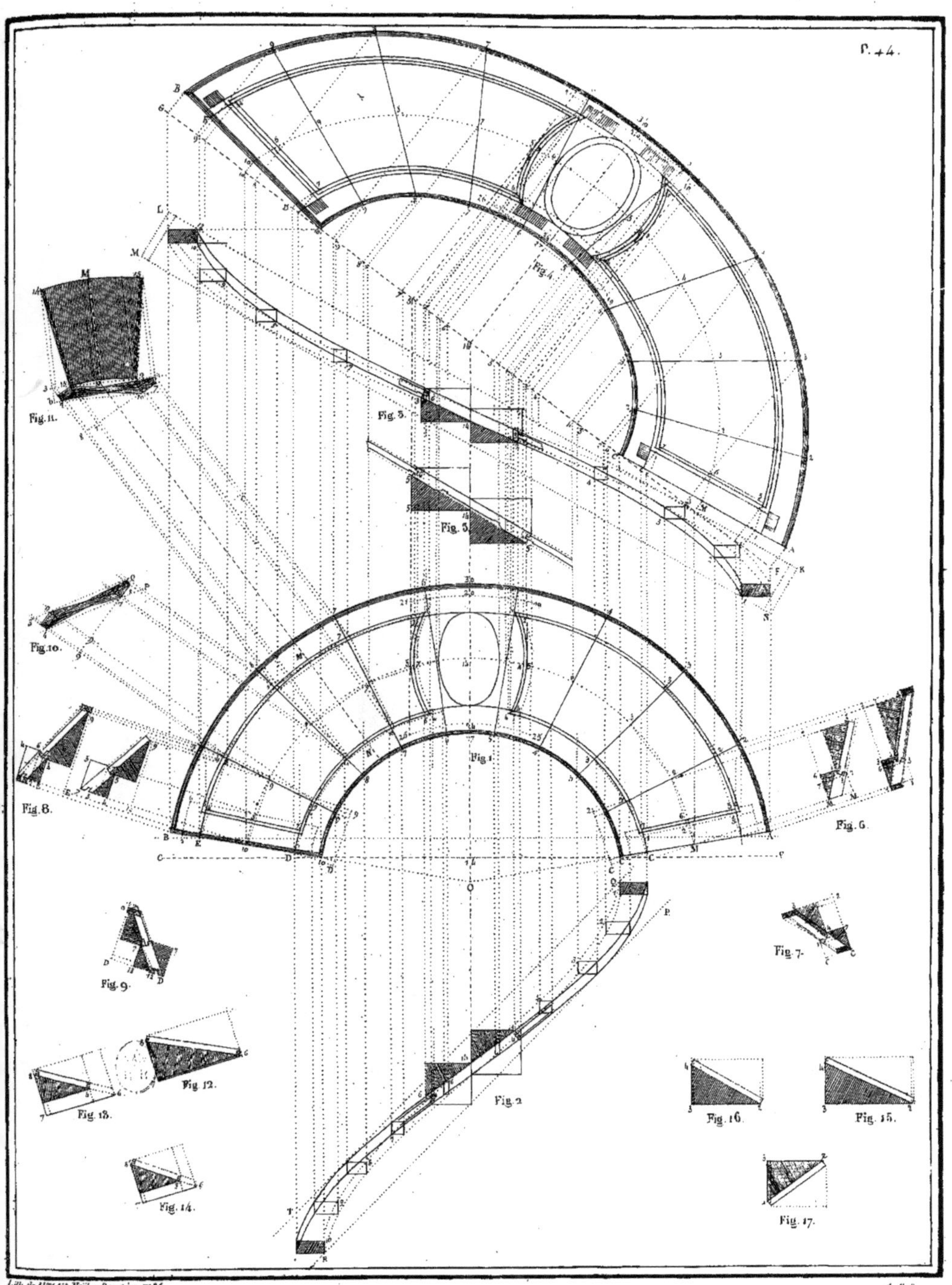


Lith. de Mme Ve Noël, r. Dauphine, n° 26 A. H. P.

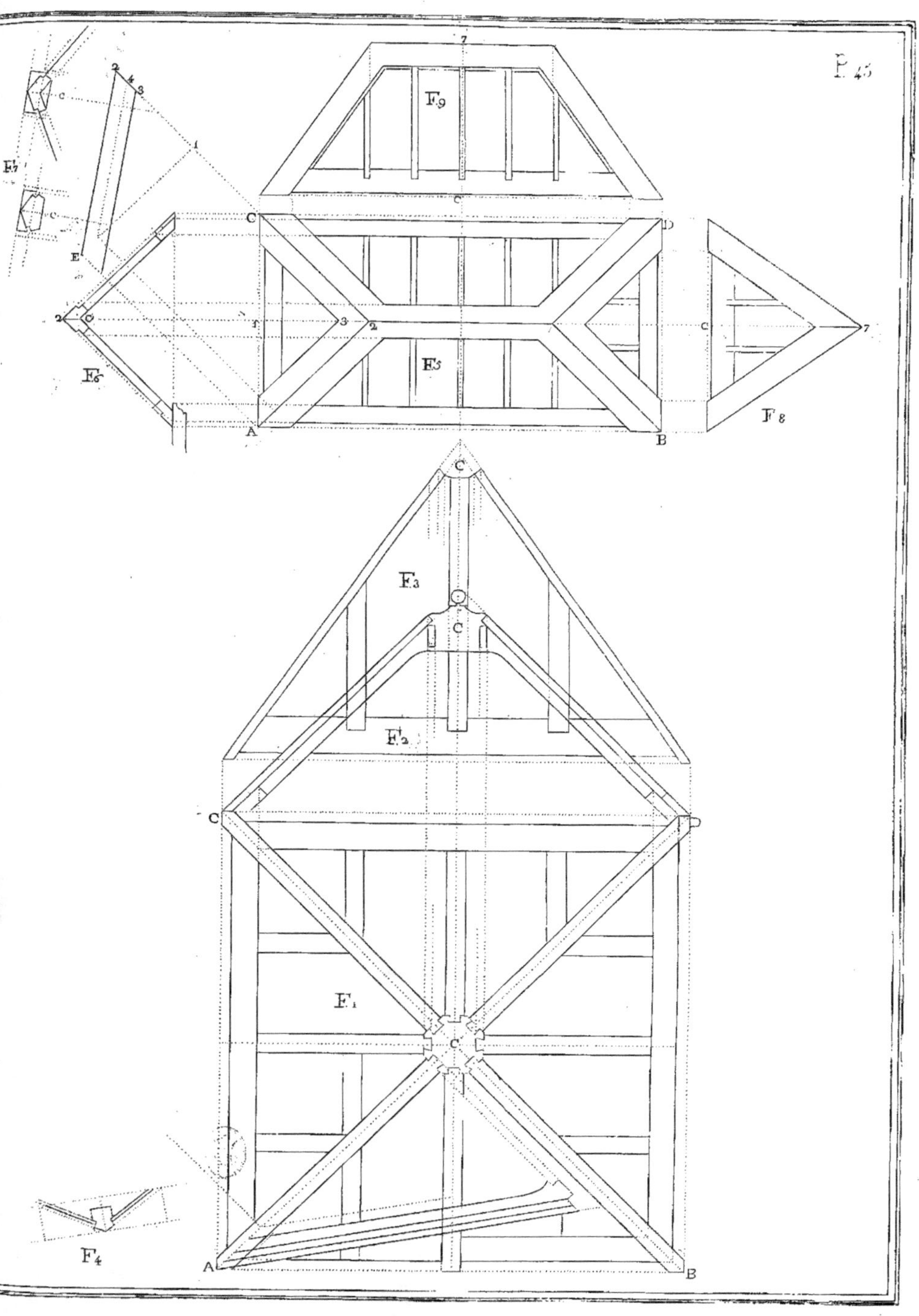
F9
F5
F6
F8
F3
F2
F1
F4
A
B
C
D
E

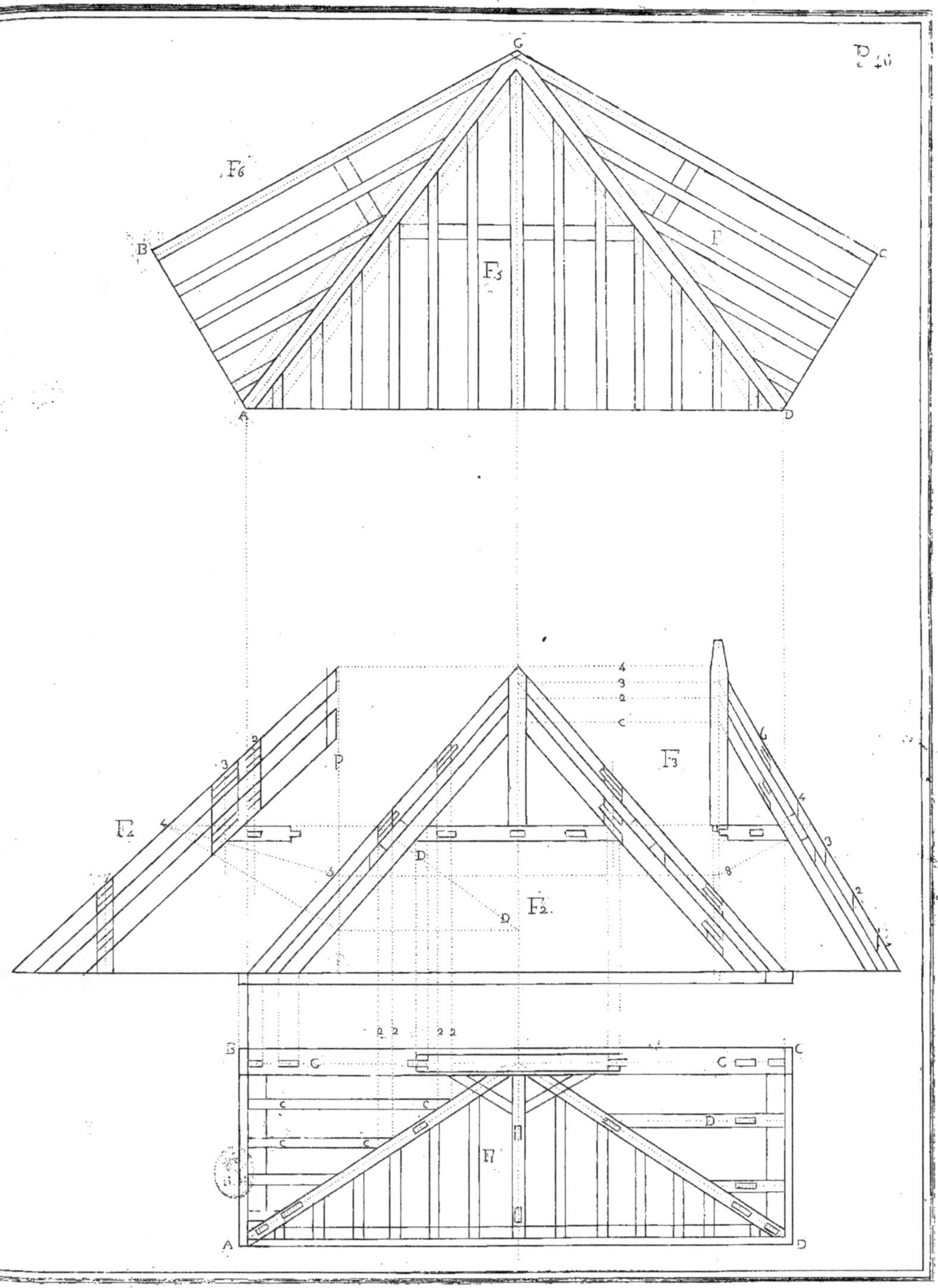
G
F6
B
C
F5
F
A
D
4
3
2
C
P
F3
F4
D
F2
B
C
G
D
F
A
D

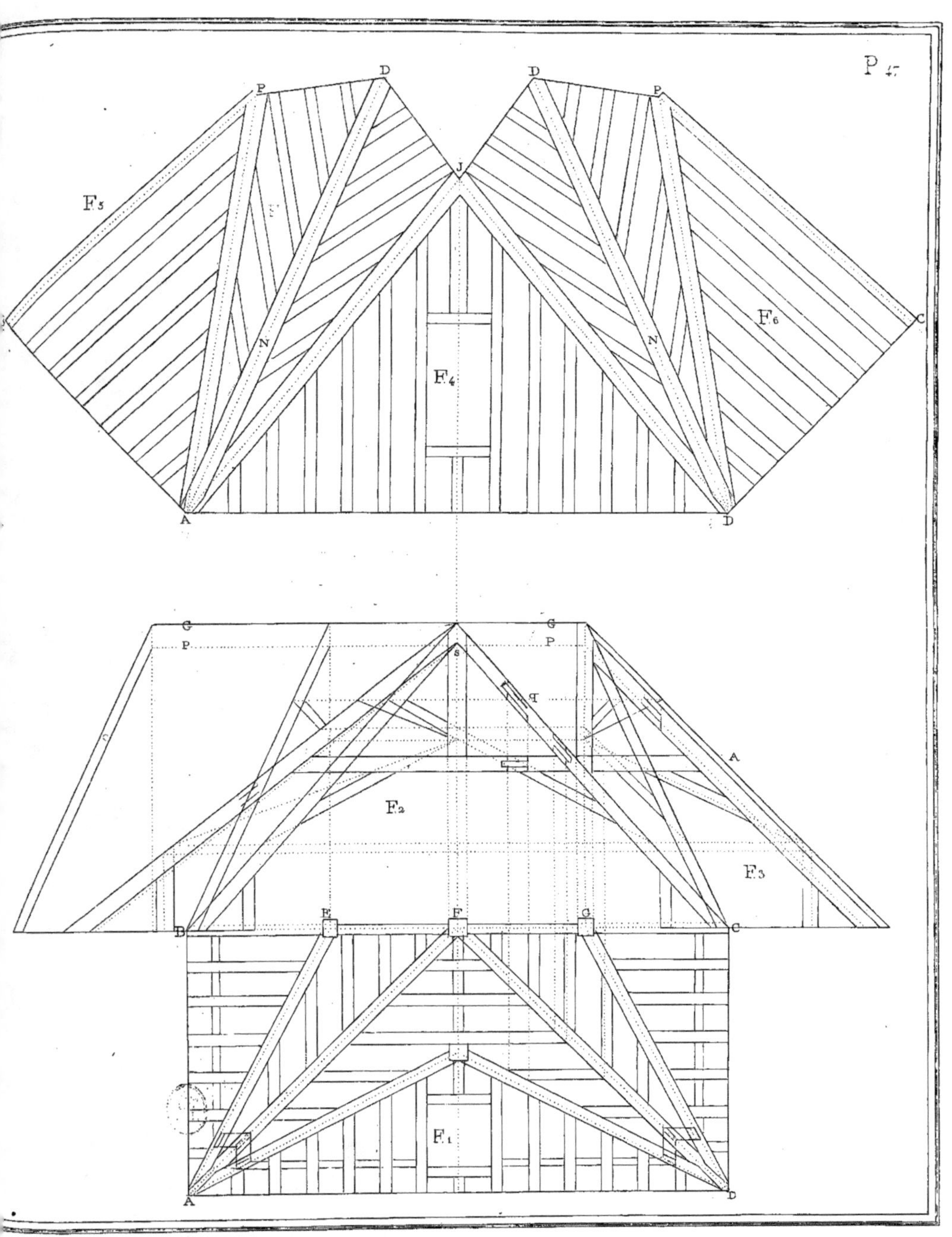

F.5
F.4
F.6
F.2
F.3
F.1

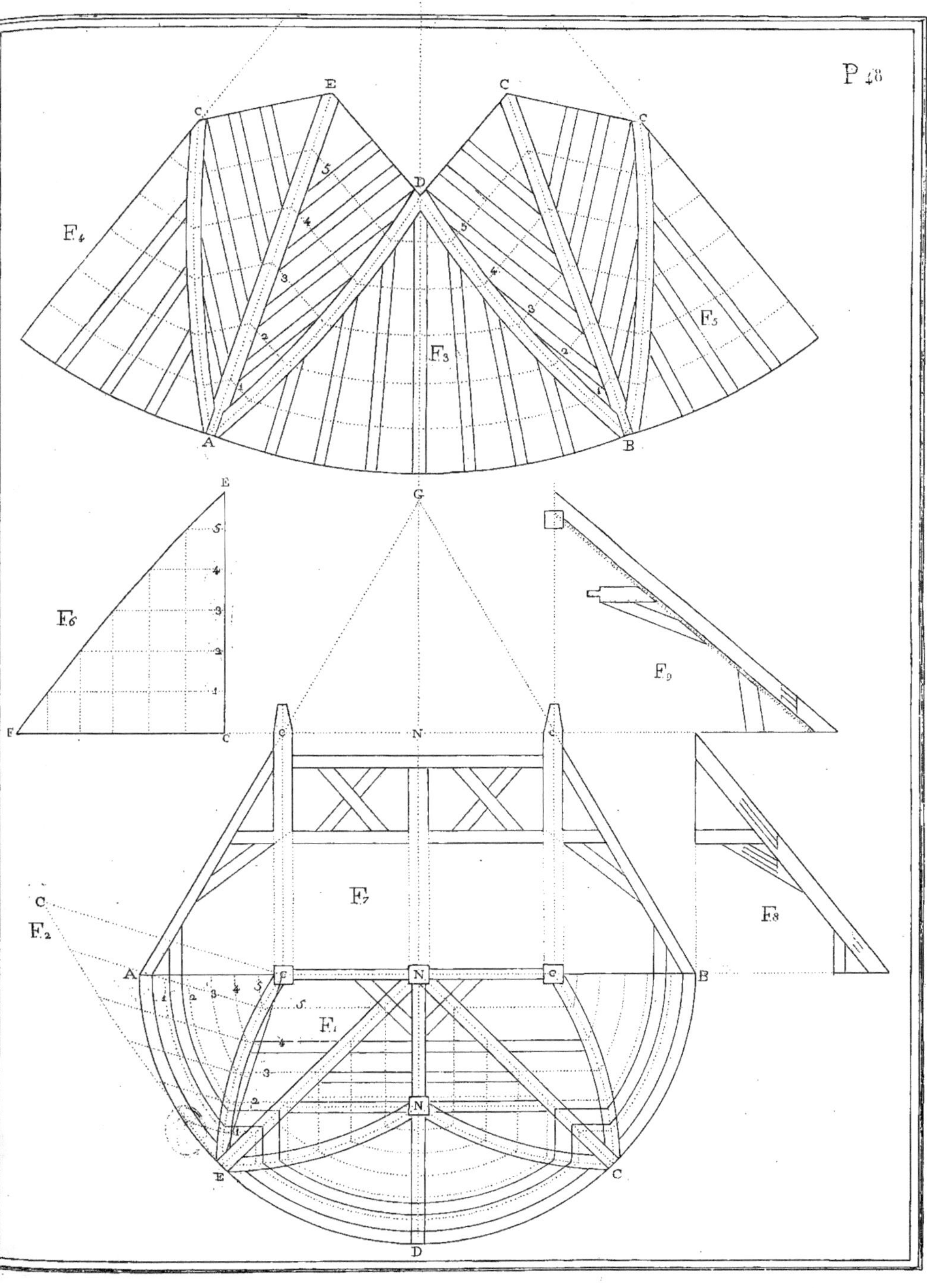

F. 4
F. 3
F. 5
F. 6
F. 9
F. 7
F. 8
F. 2
F. 1

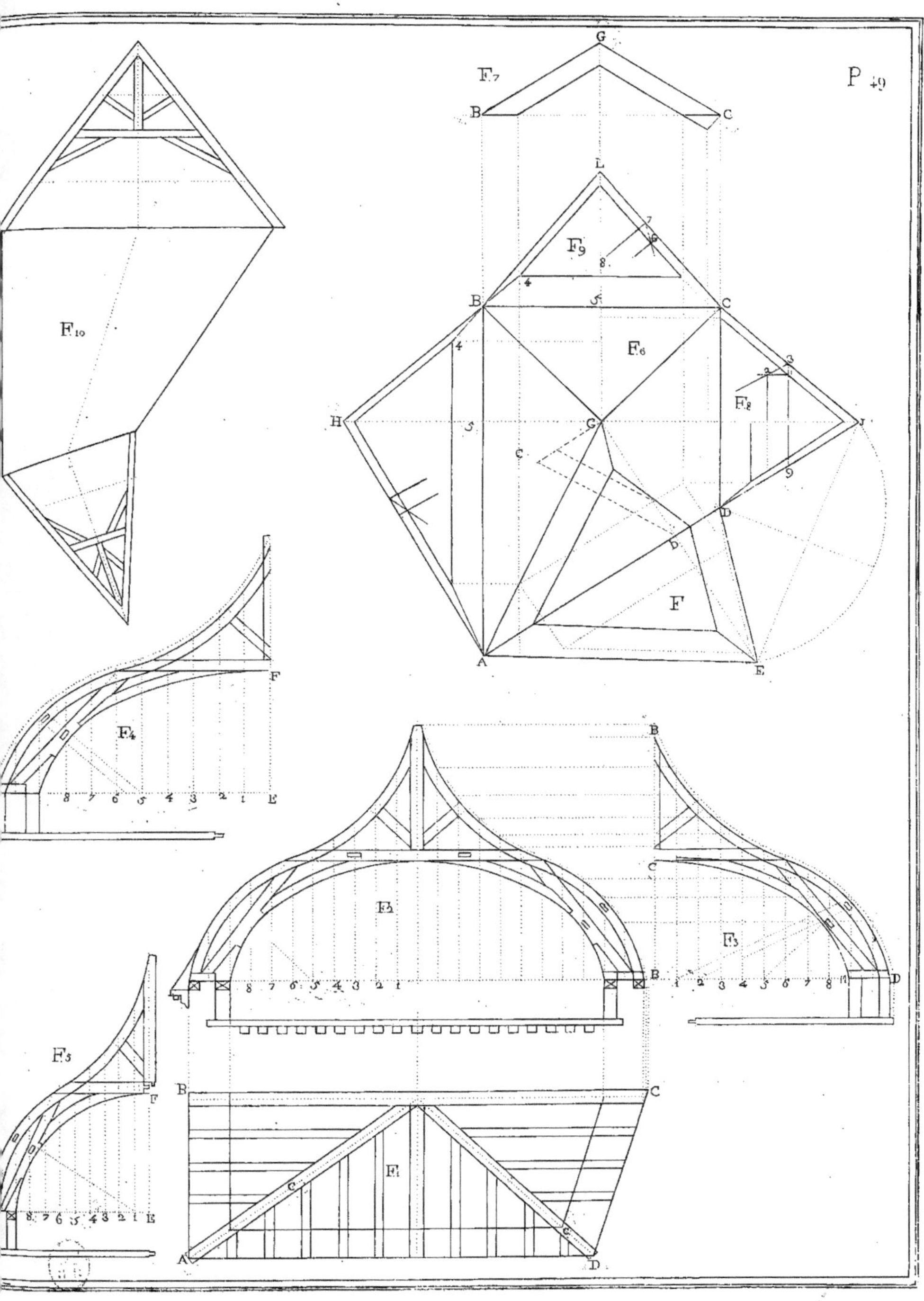
P 49
F.7
F.9
F.6
F.8
F
F.10
F.4
F.2
F.3
F.5
F.1

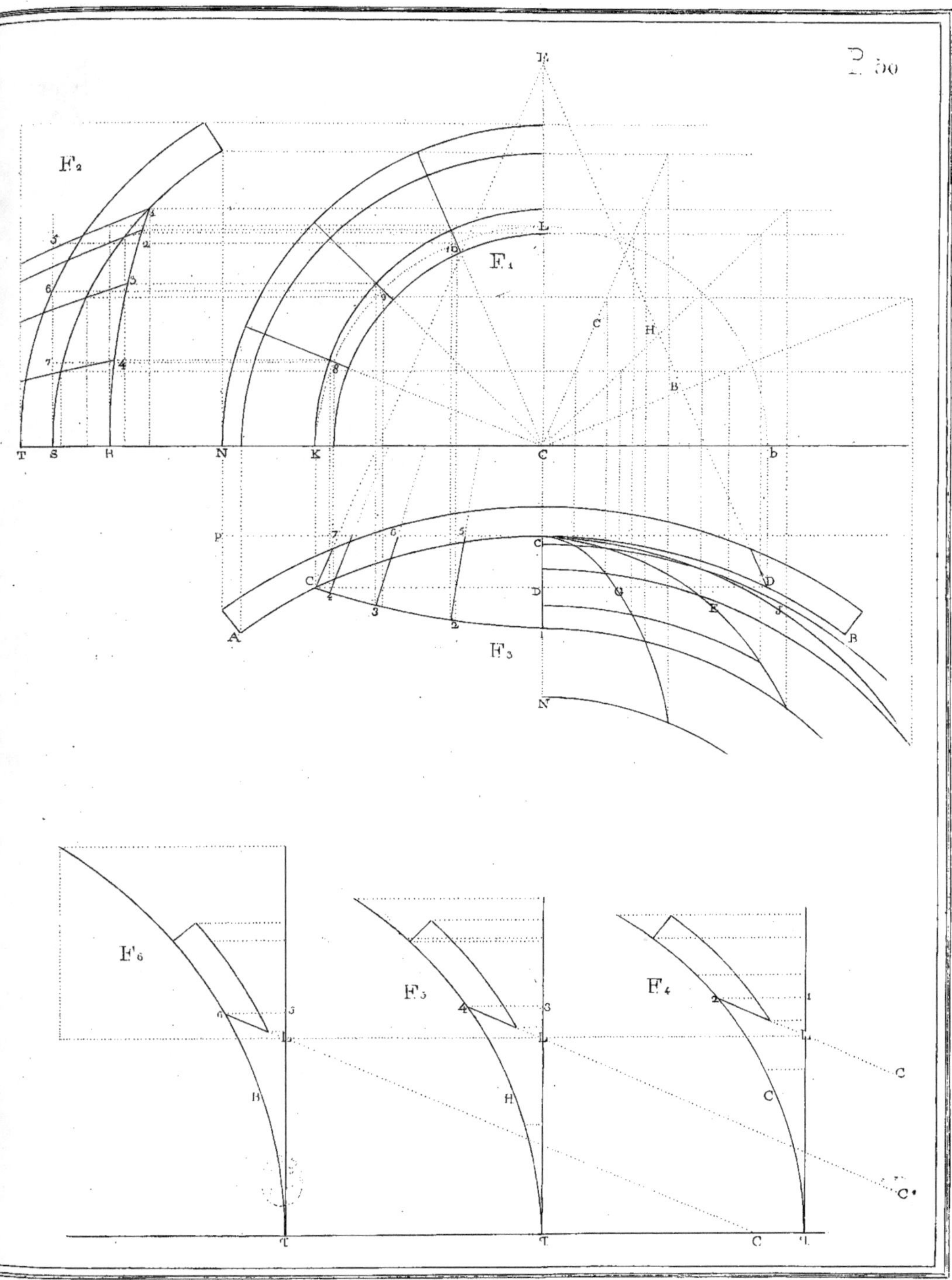
F2
F1
F3
F6
F5
F4

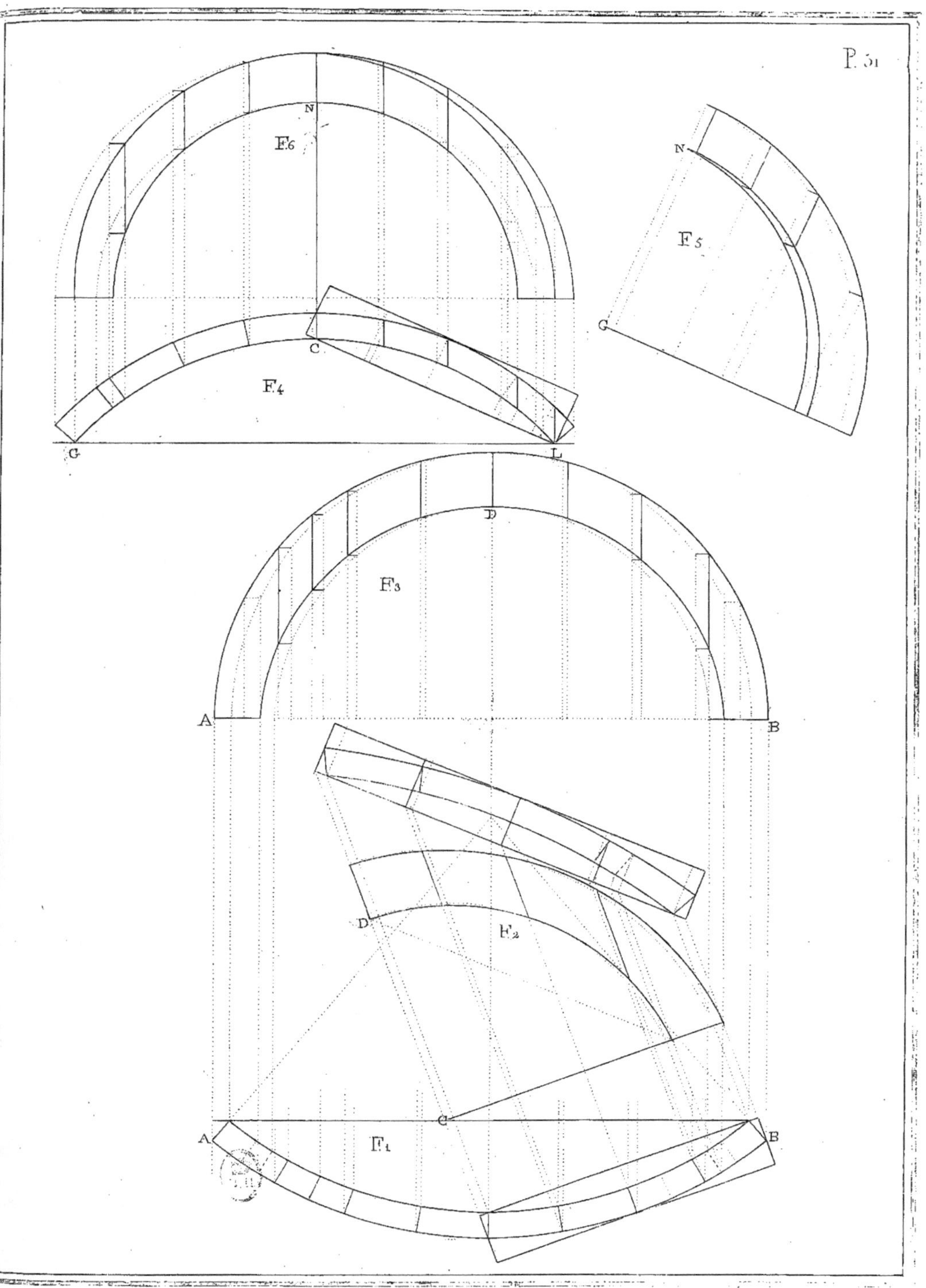

N
F.6
N
F.5
C
C
F.4
G
L
D
F.3
A
B
D
F.2
C
A
F.1
B

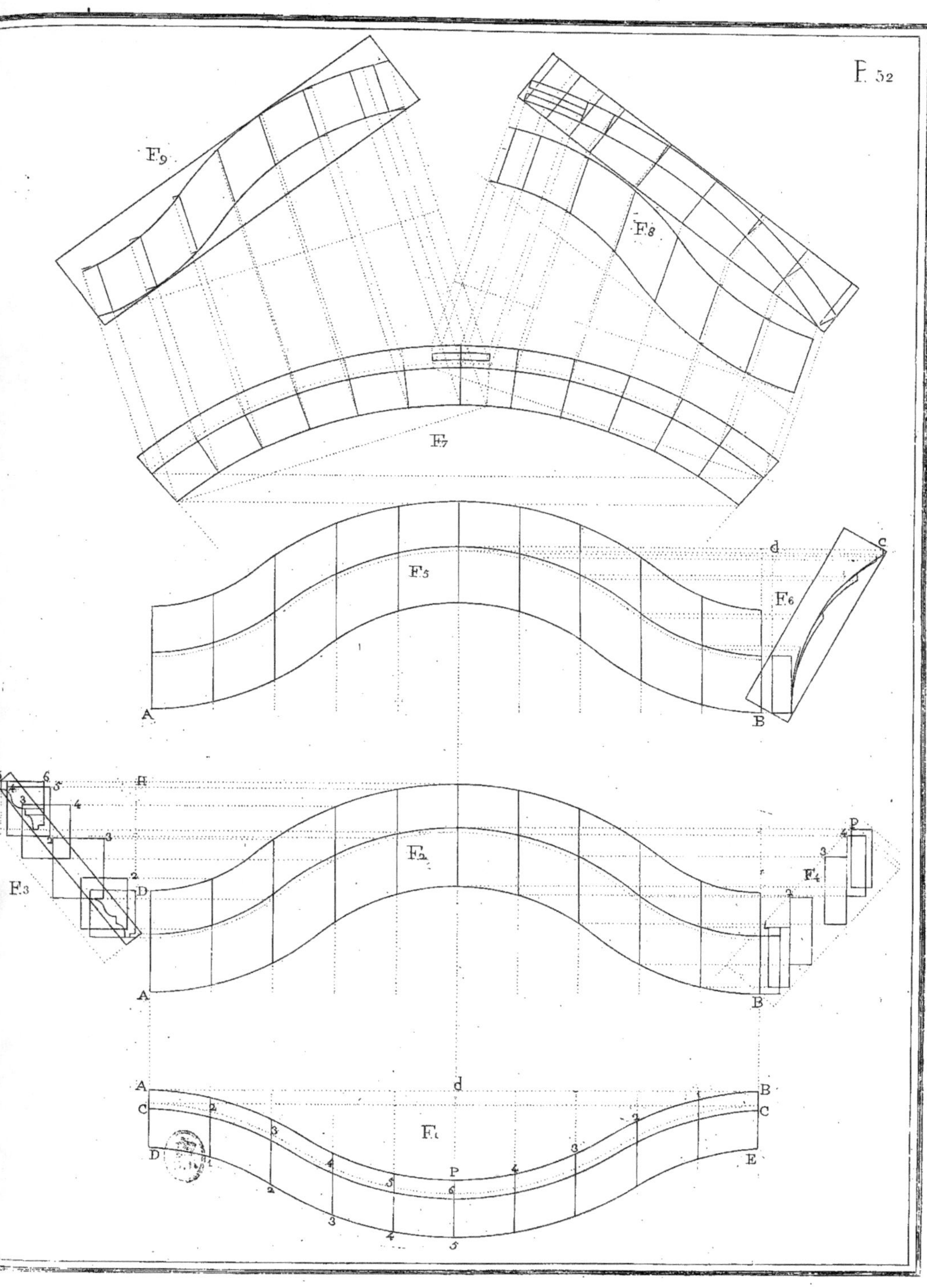

F. 52
F.9
F.8
F.7
F.5
d
c
F.6
A
B
H
F.3
D
F.2
F.4
A
B
A
d
B
C
C
F.1
D
P
E

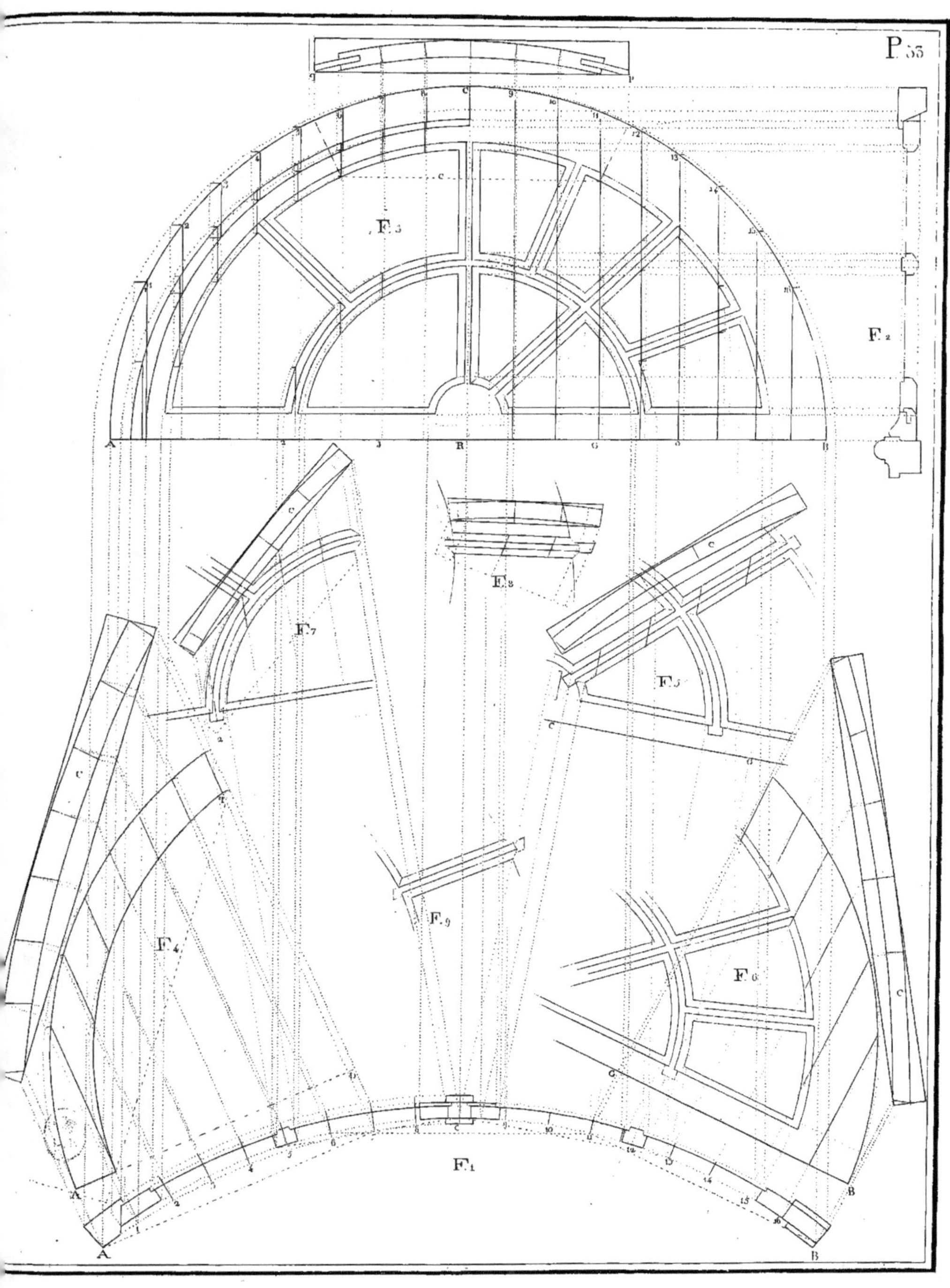
P. 53
F. 1
F. 2
F. 3
F. 4
F. 5
F. 6
F. 7
F. 8
F. 9

P 54
F. 2
F. 3
F. 4
F. 5
F. 1
A
B

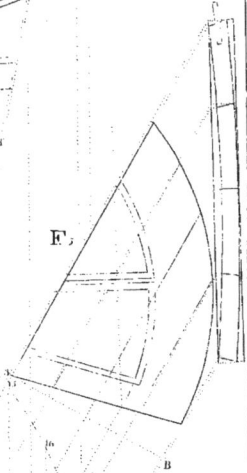

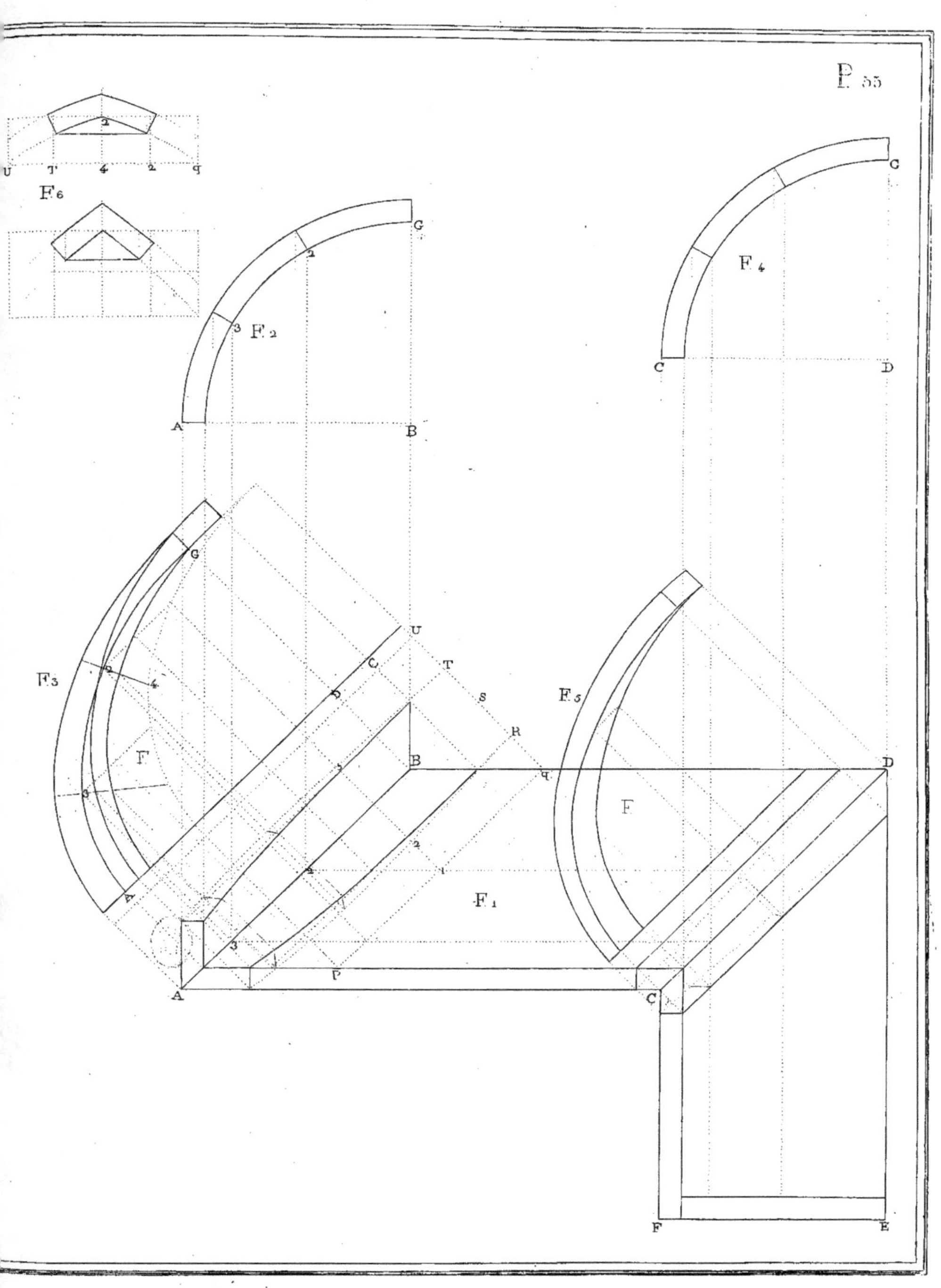
F. 6
F. 2
F. 4
F. 3
F. 5
F. 1
F
A
B
C
D
E
G
U
T
S
R
Q
P

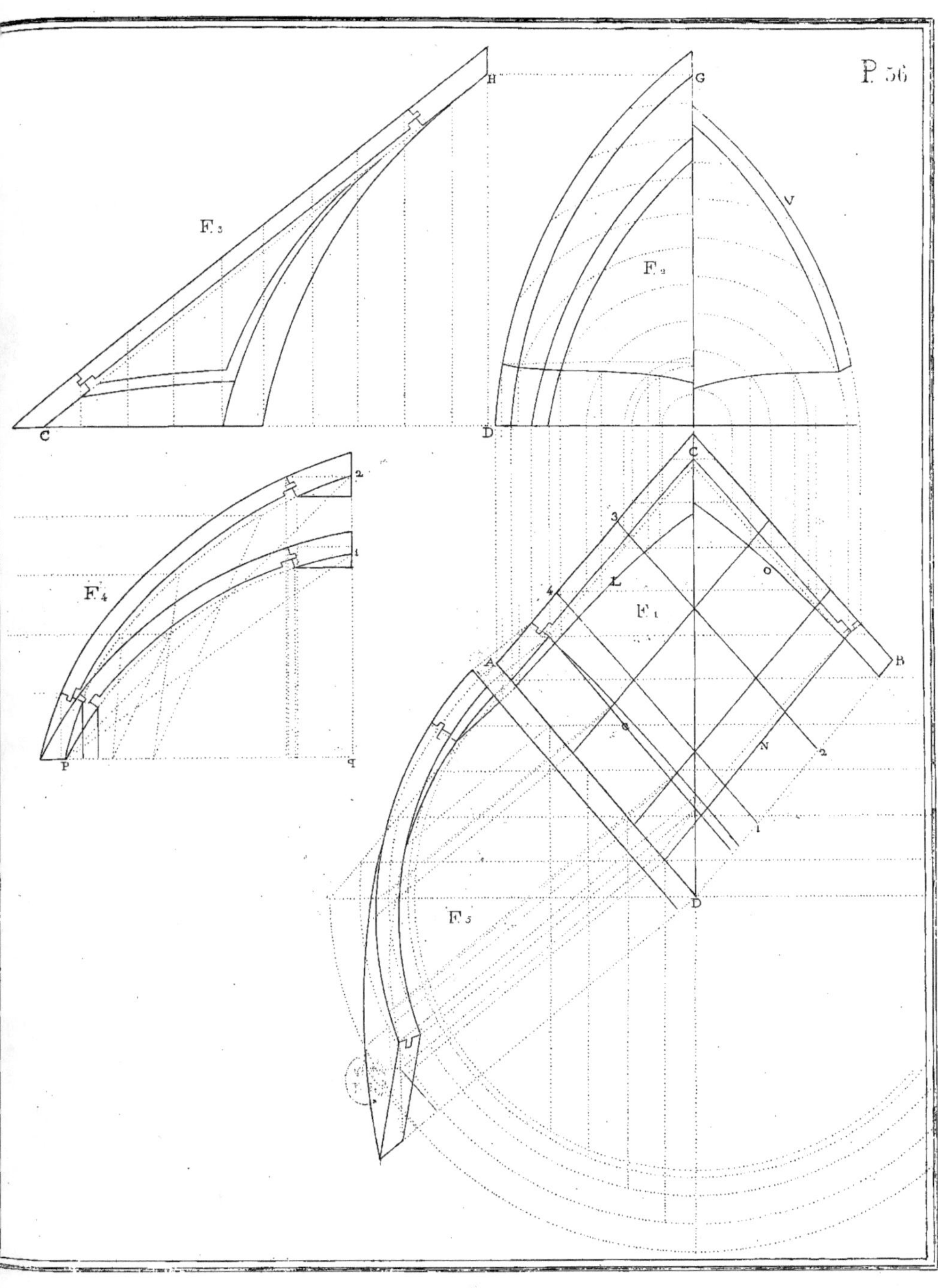
F. 3
H
C
D
G
V
F. 2
F. 4
2
1
P
q
C
3
L
O
4
F. 1
A
B
G
N
2
1
D
F. 5

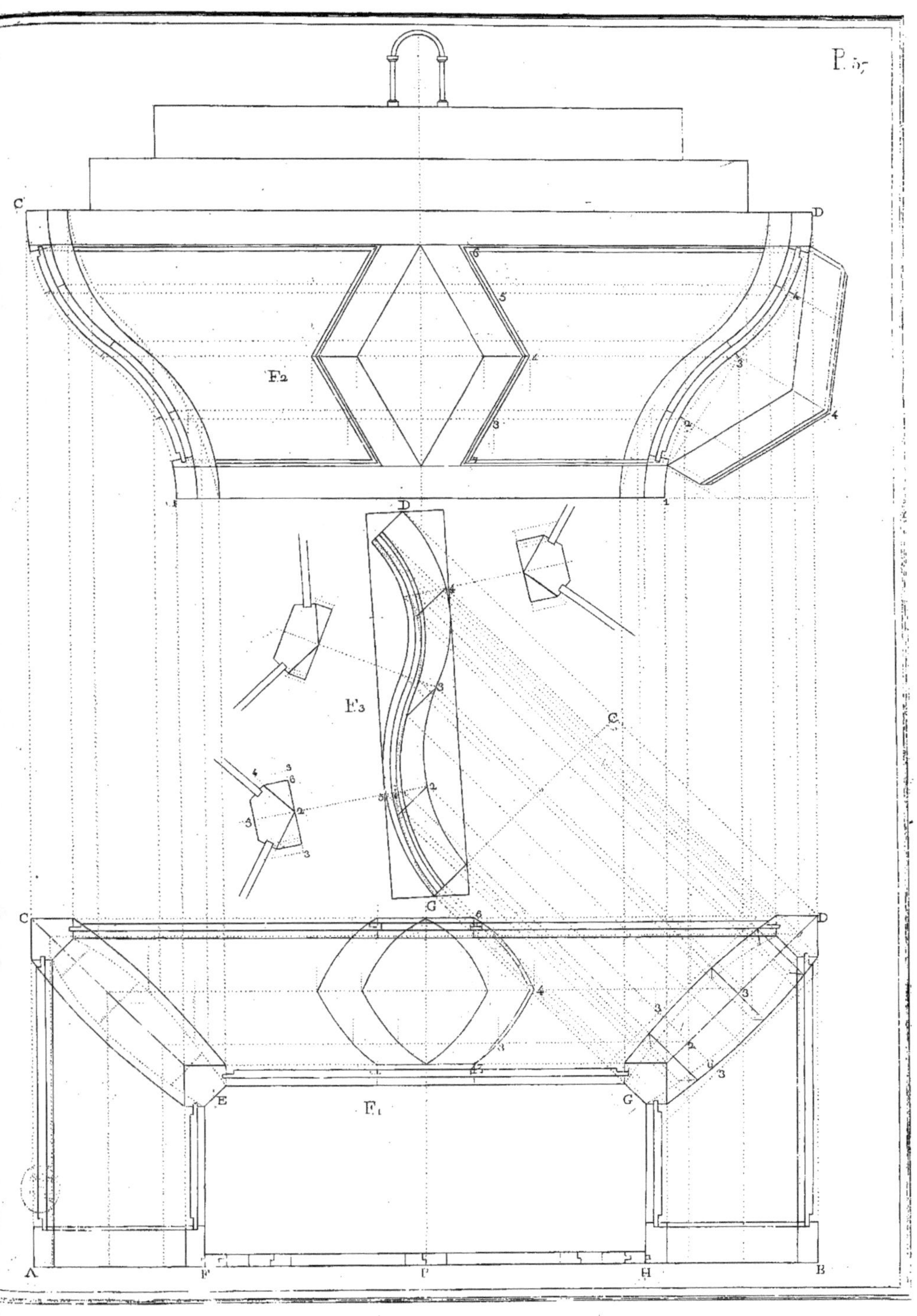

C
D
F2
F3
C
D
G
6
5
4
3
2
1
E
G
F1
A
F
P
H
B

P. 58
F 6
F 4
F 3
F 5
A
B
C
F
F 1
N
L
D
G
1
2
3
4
5
6

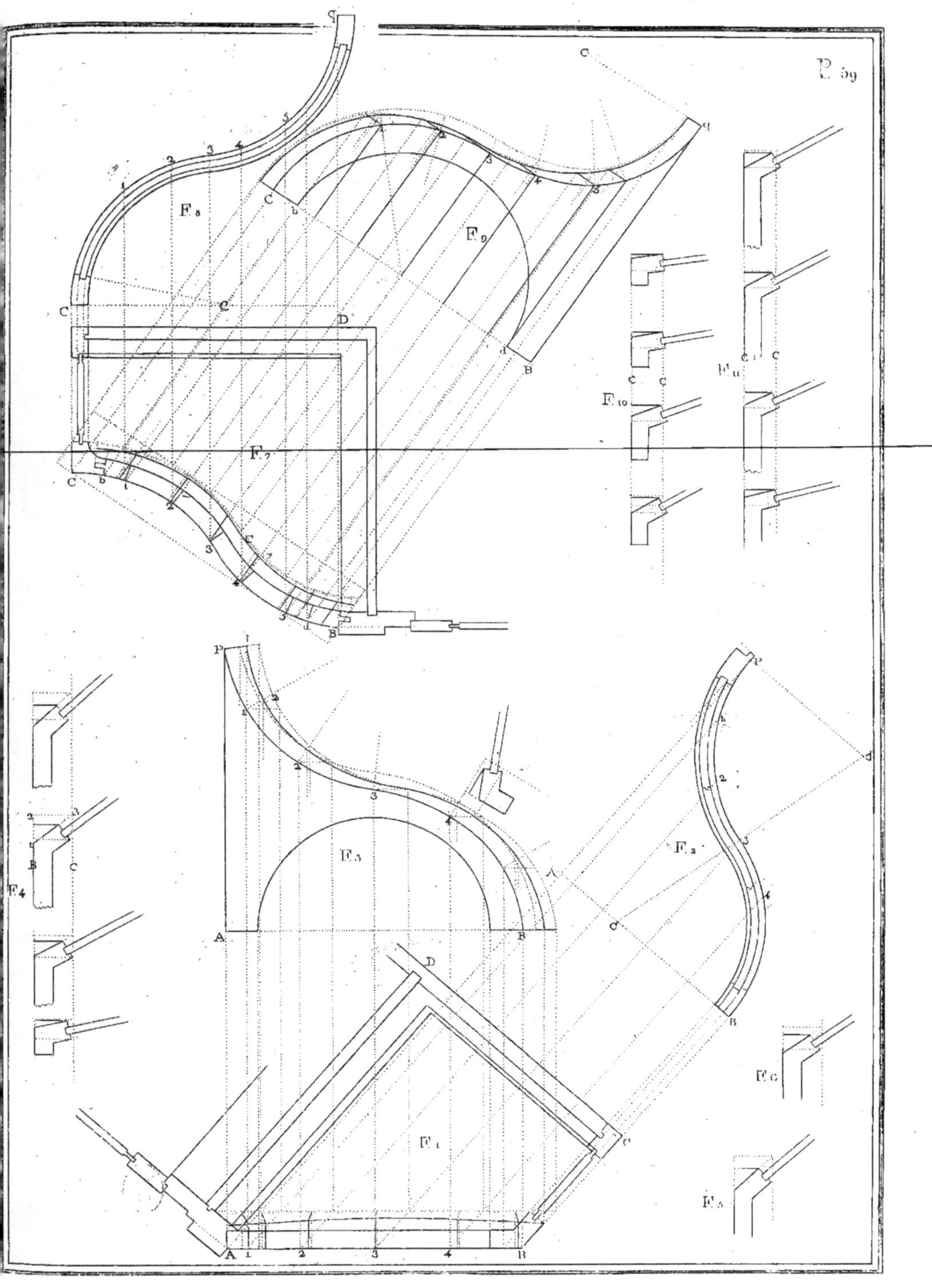

Pl. 59
F. 1
F. 2
F. 3
F. 4
F. 5
F. 6
F. 7
F. 8
F. 9
F. 10
F. 11

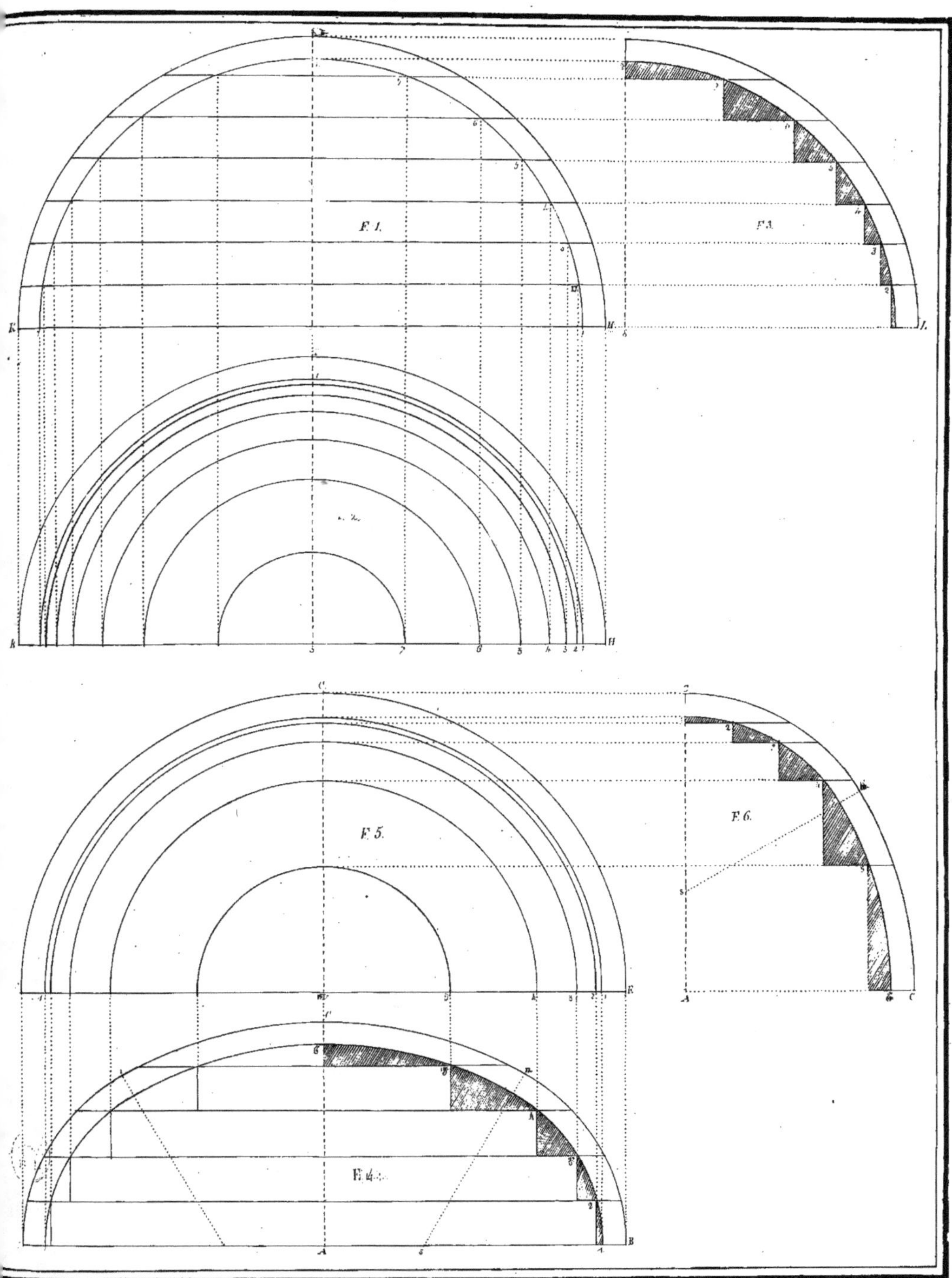

F. 1.
F. 3.
F. 2.
F. 5.
F. 6.
F. 4.

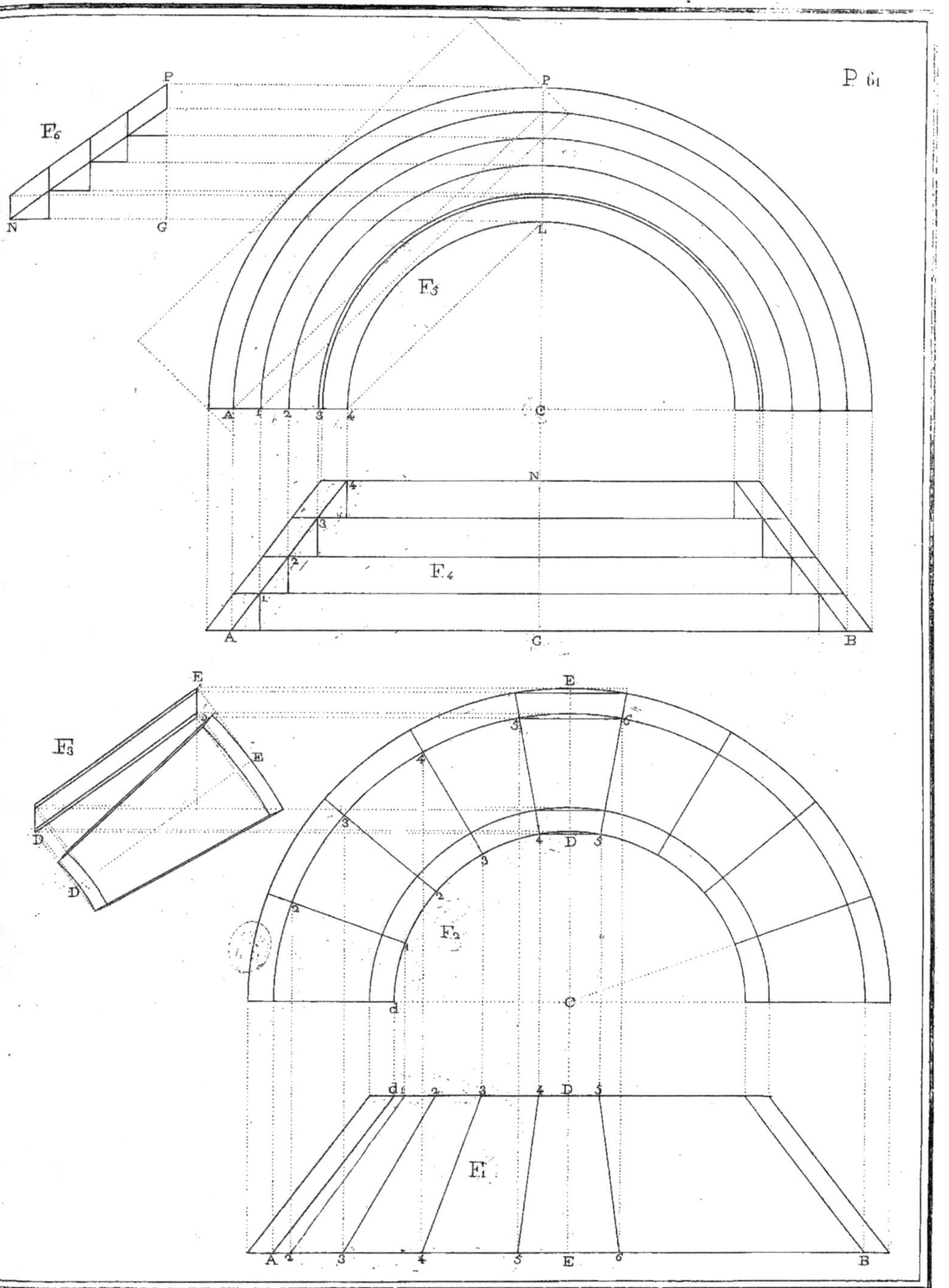
P 61
F6
P
N
G
F5
P
L
A
1
2
3
4
C
N
F4
4
3
2
1
A
G
B
E
F3
E
D
E
D
F2
E
5
6
4
3
4
D
5
3
2
2
1
d
C
d
1
2
3
4
D
5
F1
A
2
3
4
5
E
6
B

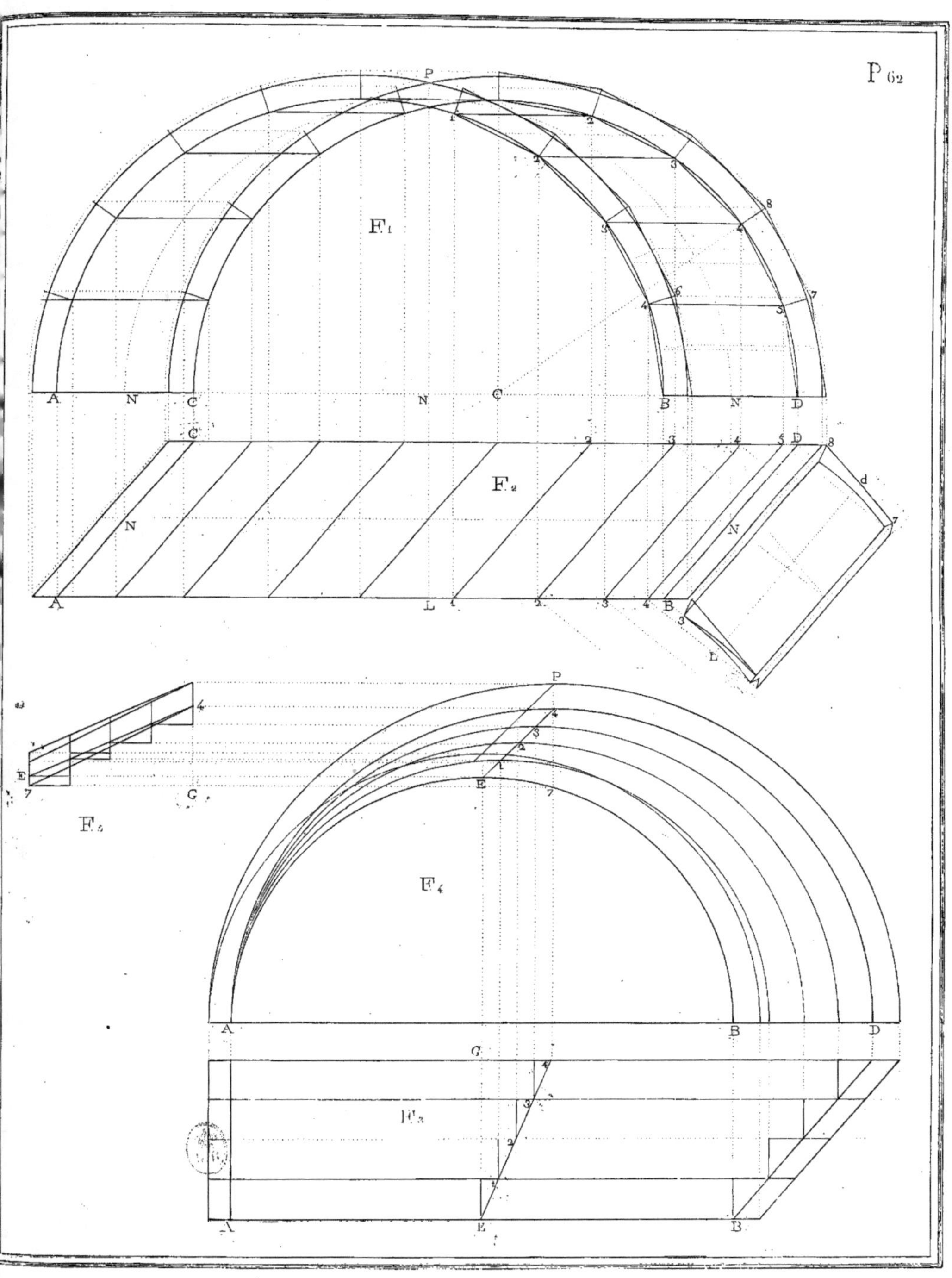
F. 1
F. 2
F. 3
F. 4

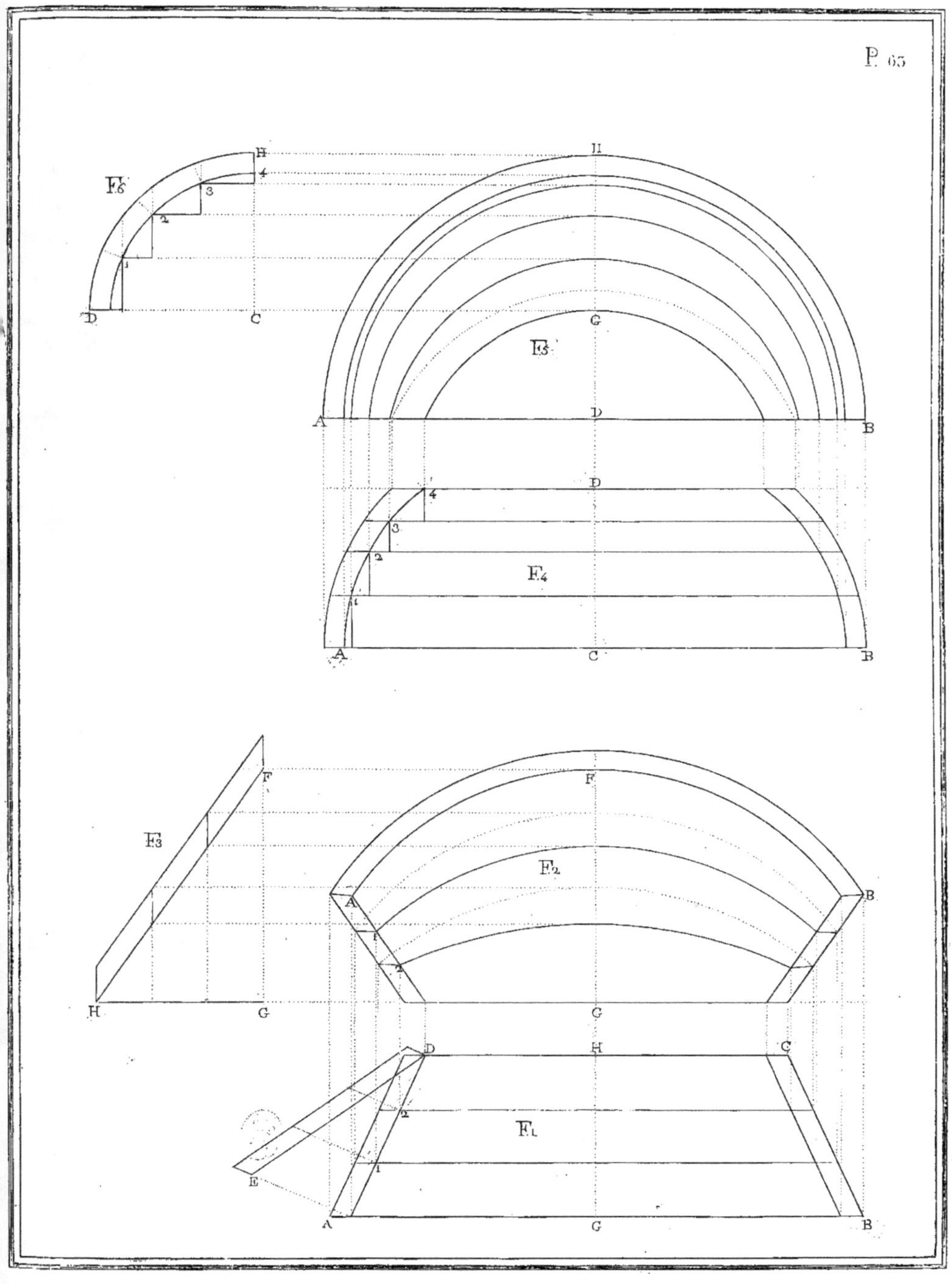
F.6
H
4
3
2
1
D
C
H
F.5
G
A
D
B
D
4
3
2
F.4
1
A
C
B
F
F.3
H
G
F
F.2
A
B
1
2
G
D
H
C
2
F.1
1
E
A
G
B

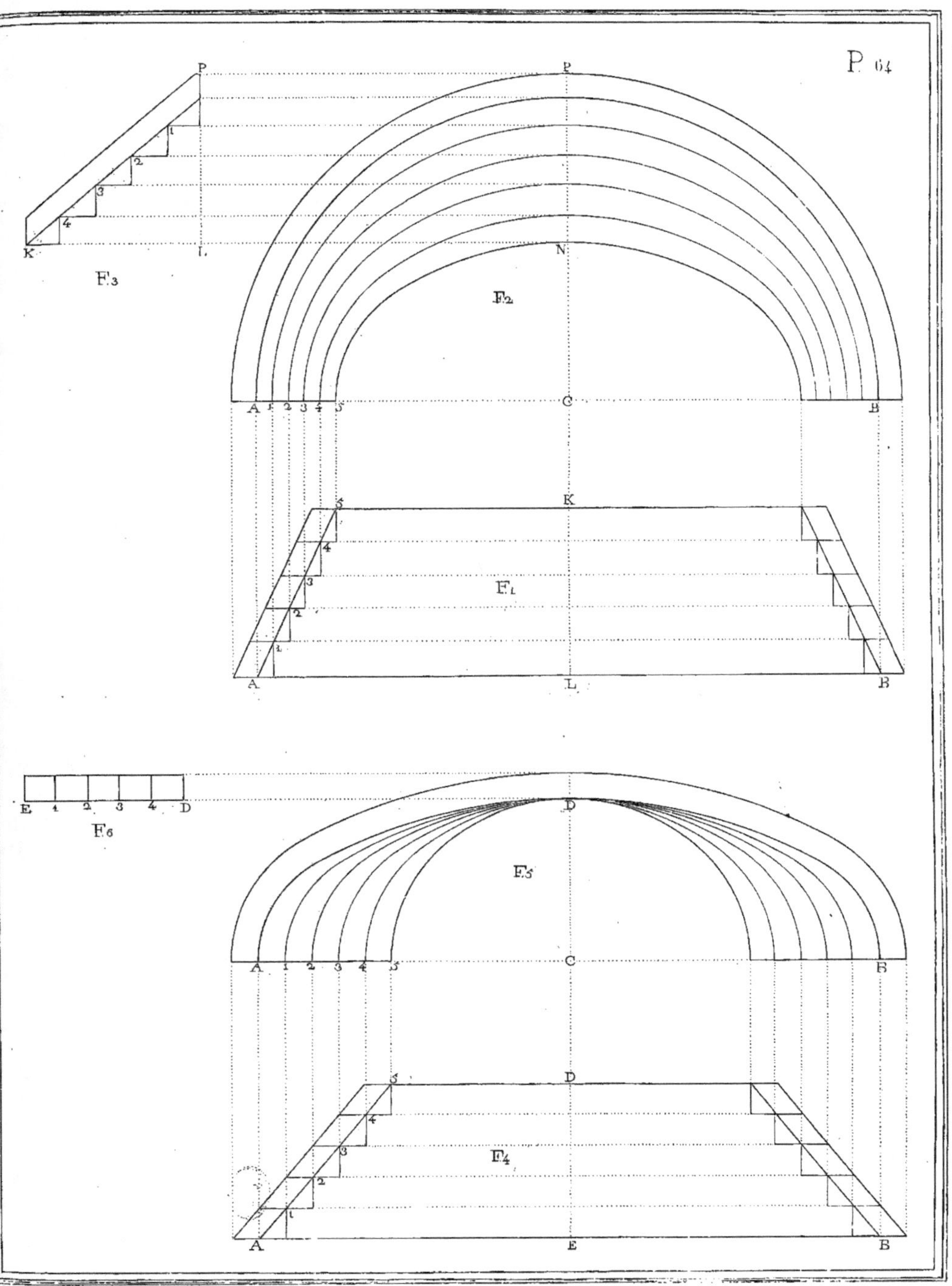
P
K
L
F.3
P
N
F.2
A
1
2
3
4
5
C
B
5
K
4
3
F.1
2
1
A
L
B
E
1
2
3
4
D
F.6
D
F.5
A
1
2
3
4
5
C
B
5
D
4
3
F.4
2
1
A
E
B

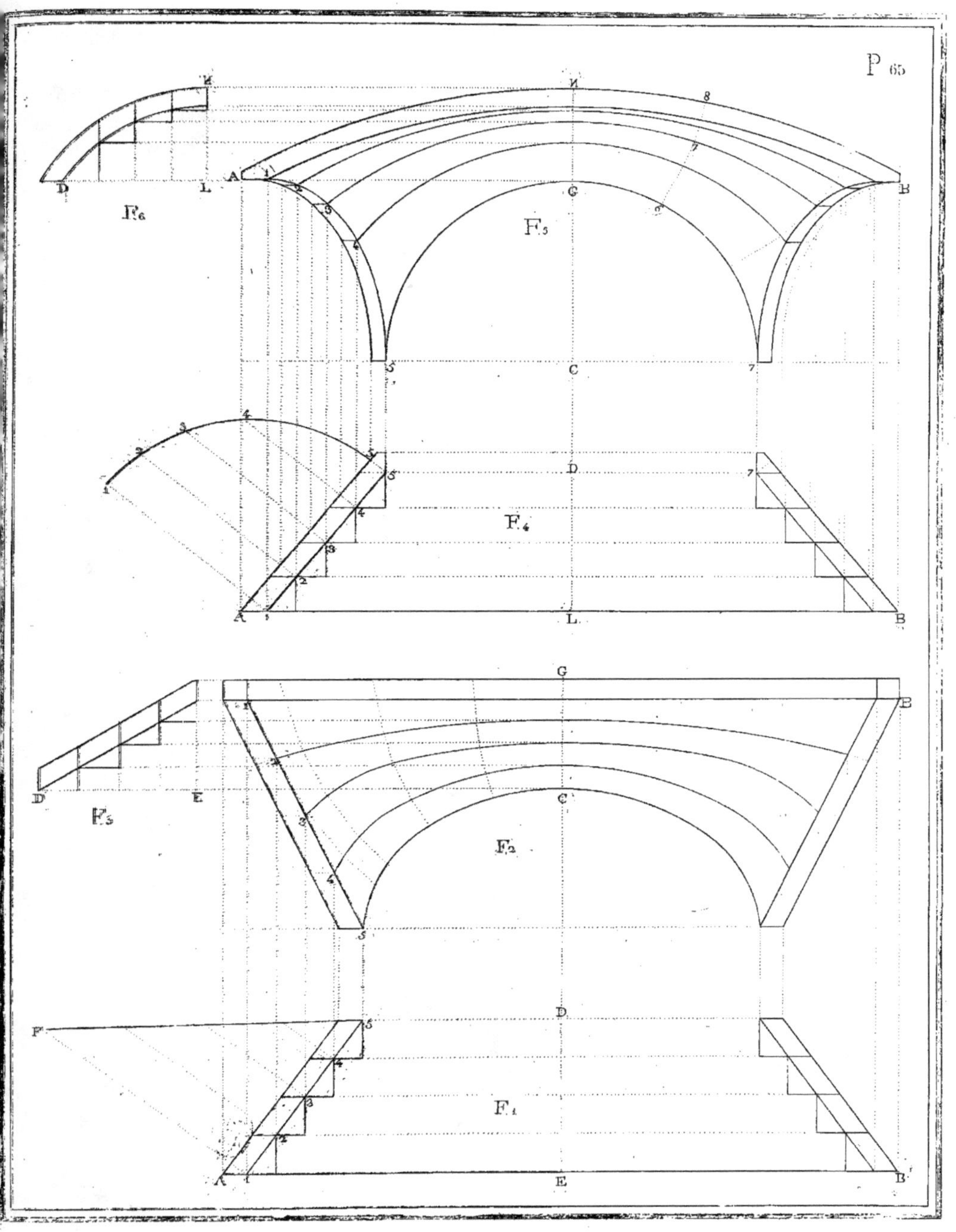
F.6
F.5
F.4
F.3
F.2
F.1

Pl. 66

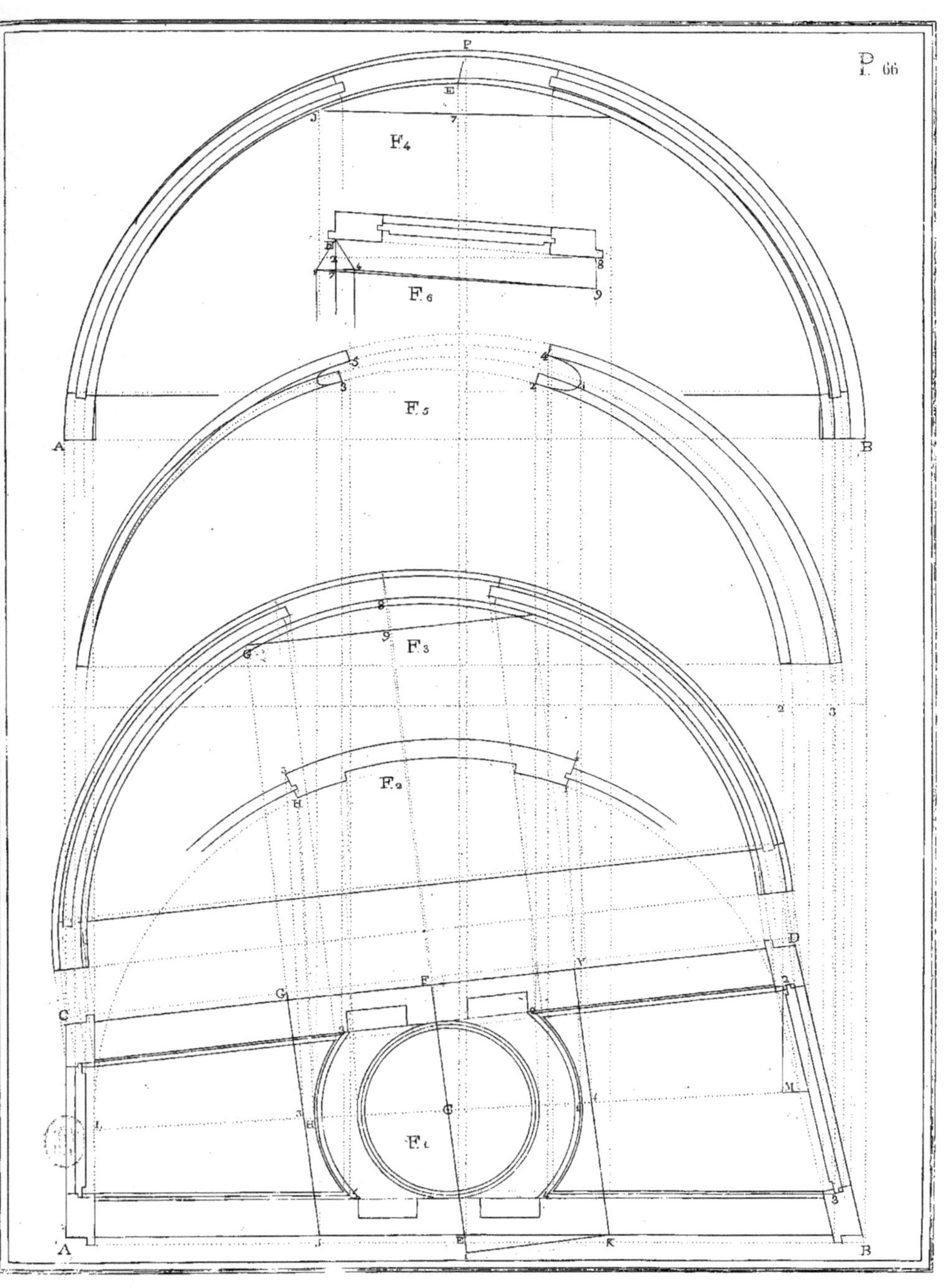

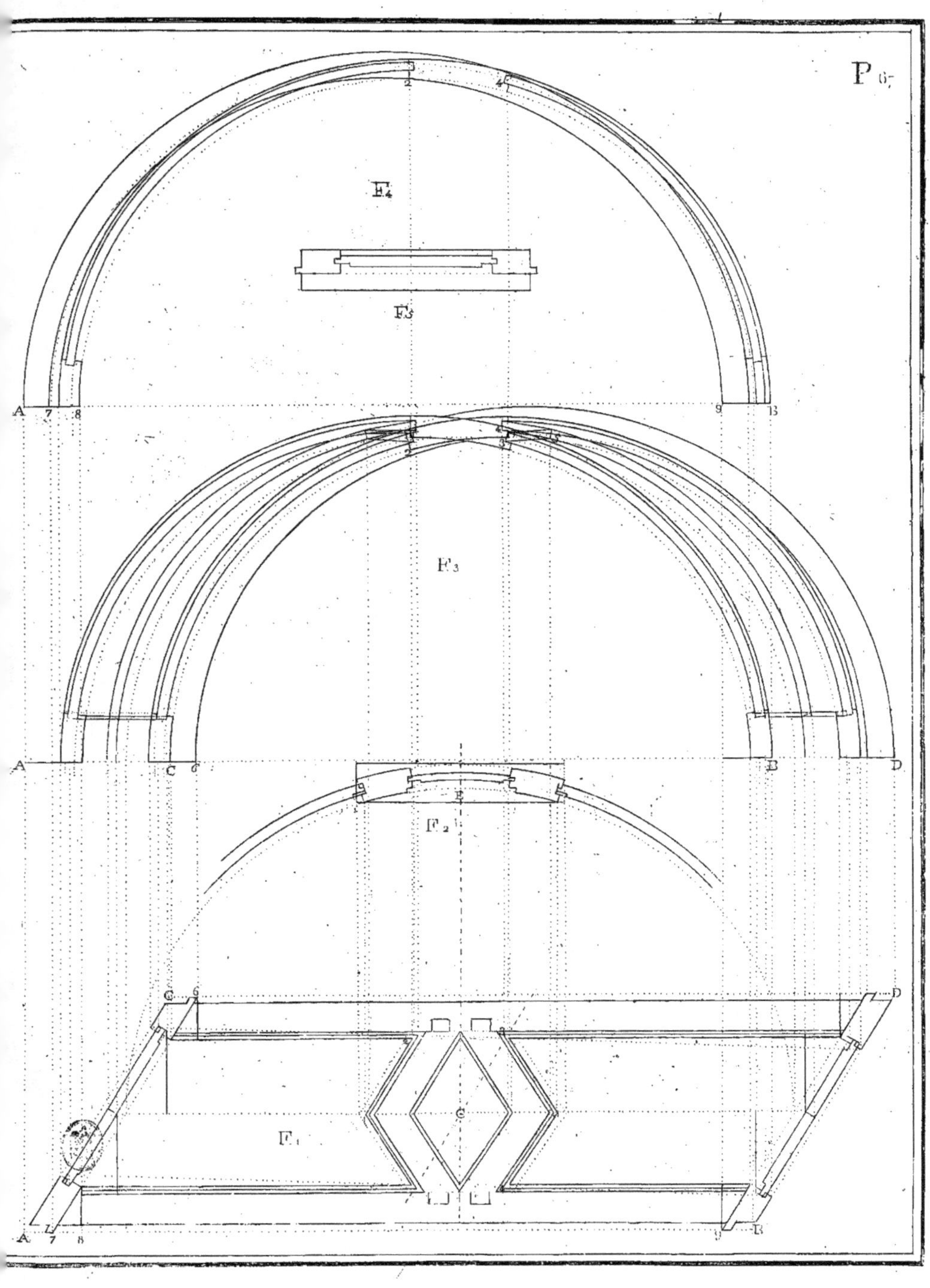
P 67
F4
F3
F3
F2
F1
A 7 8 9 B
A C 6 B D
E
G
C 6 D
A 7 8 9 B

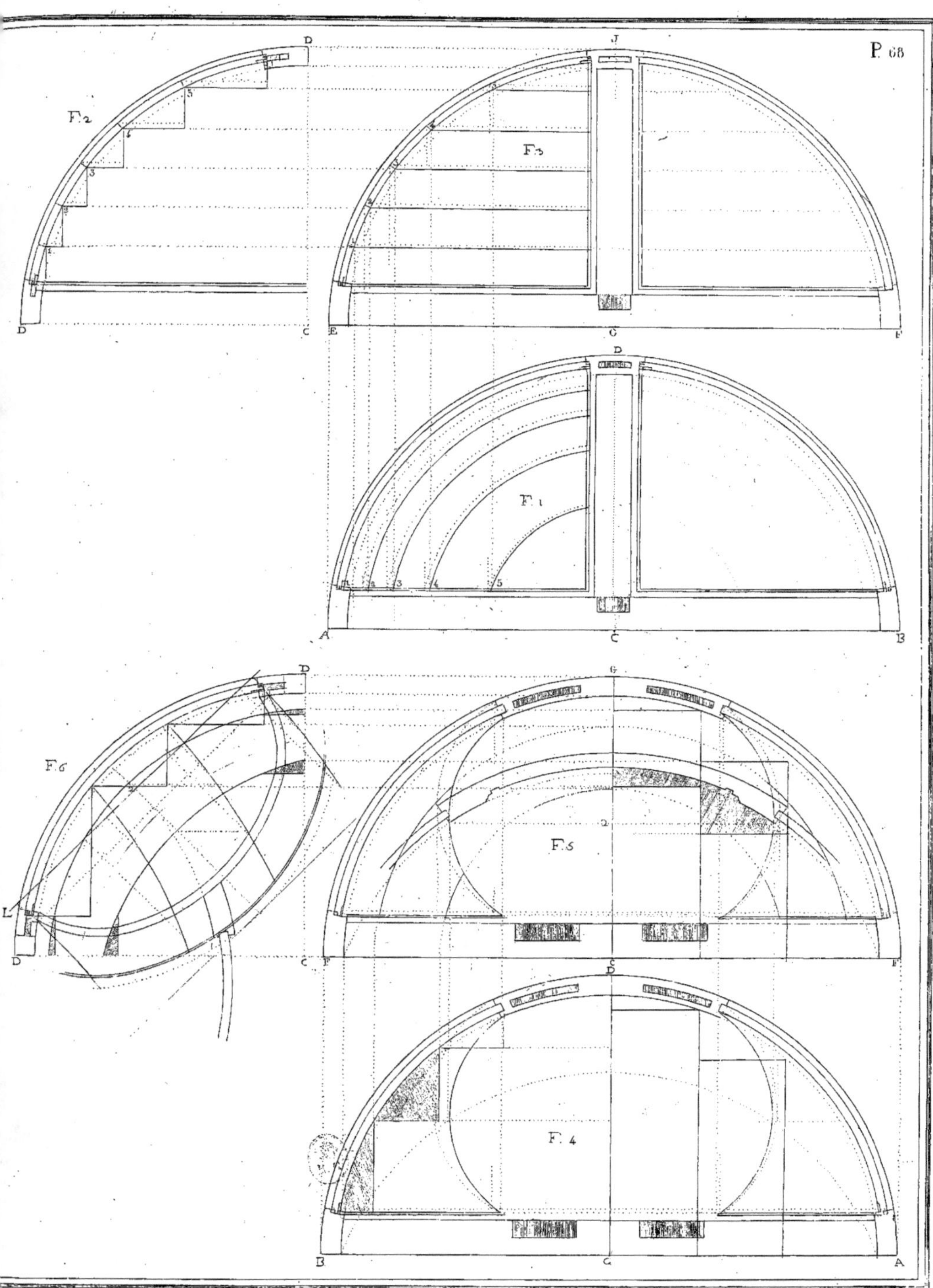
P. 68
F. 2
F. 3
F. 1
F. 6
F. 5
F. 4

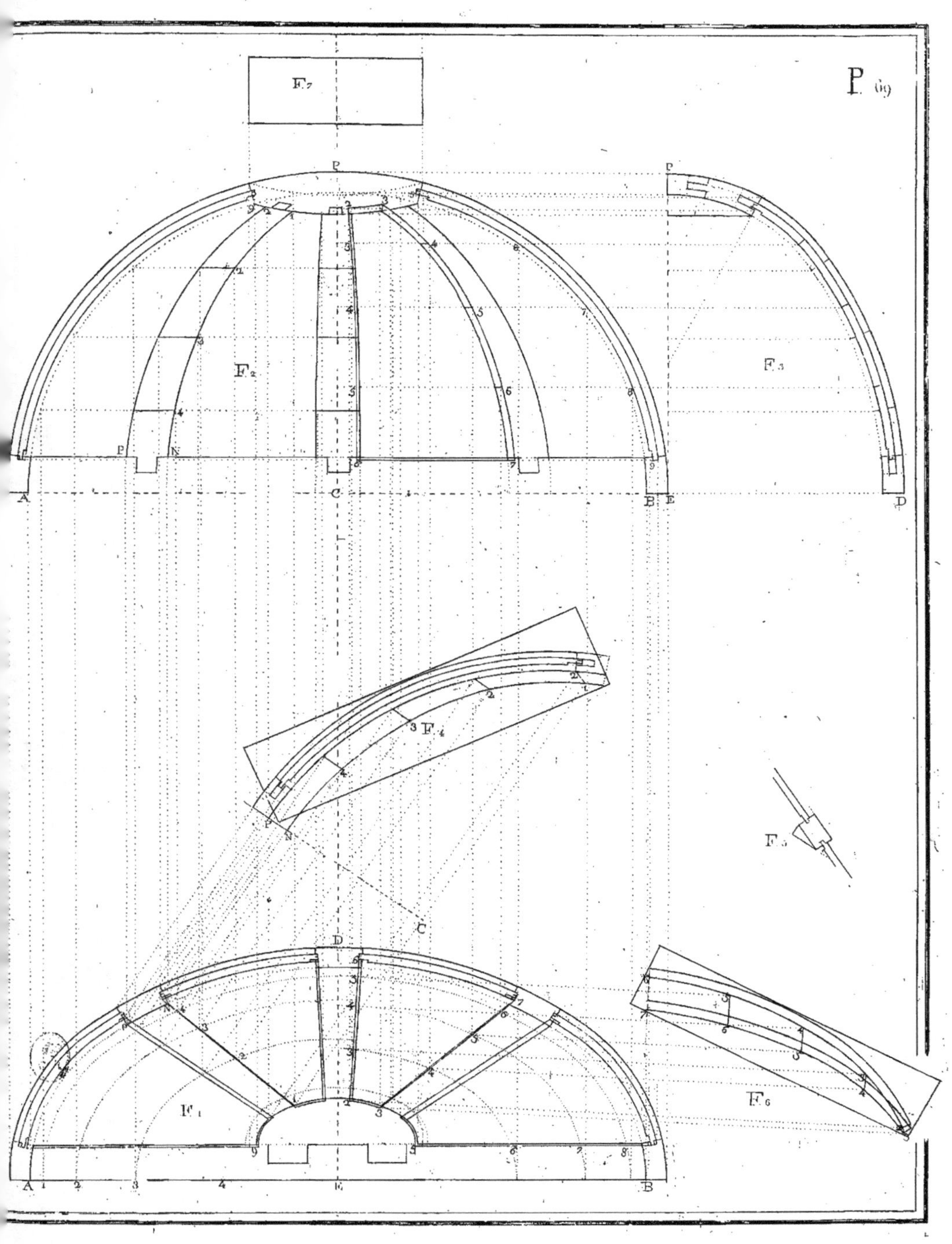

Pl. 69
F.7
F.2
F.3
F.4
F.5
F.6
F.1
A
B
C
D
E
P
N

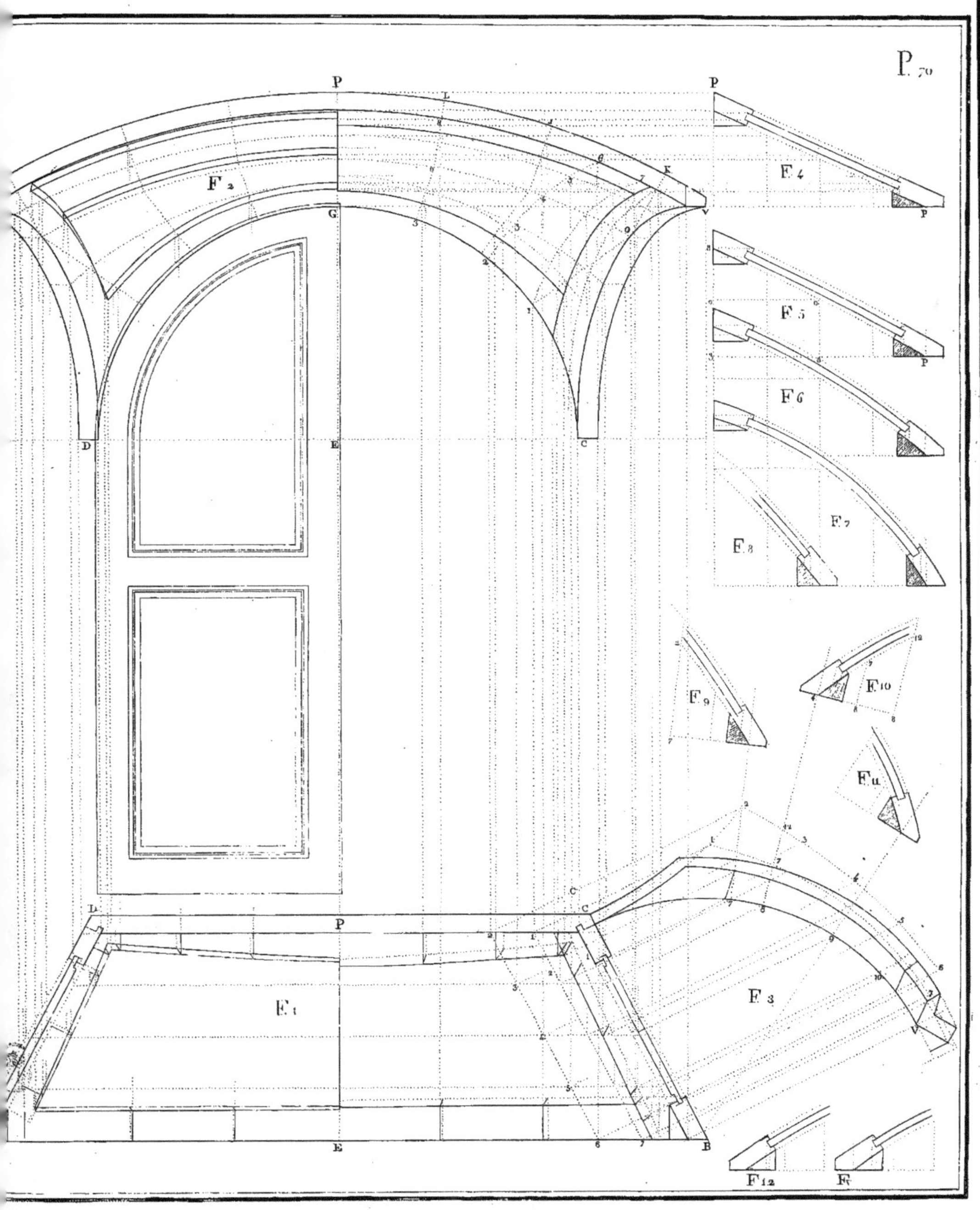
Pl. 70
P
L
K
G
D
E
C
V
B
F 1
F 2
F 3
F 4
F 5
F 6
F 7
F 8
F 9
F 10
F 11
F 12

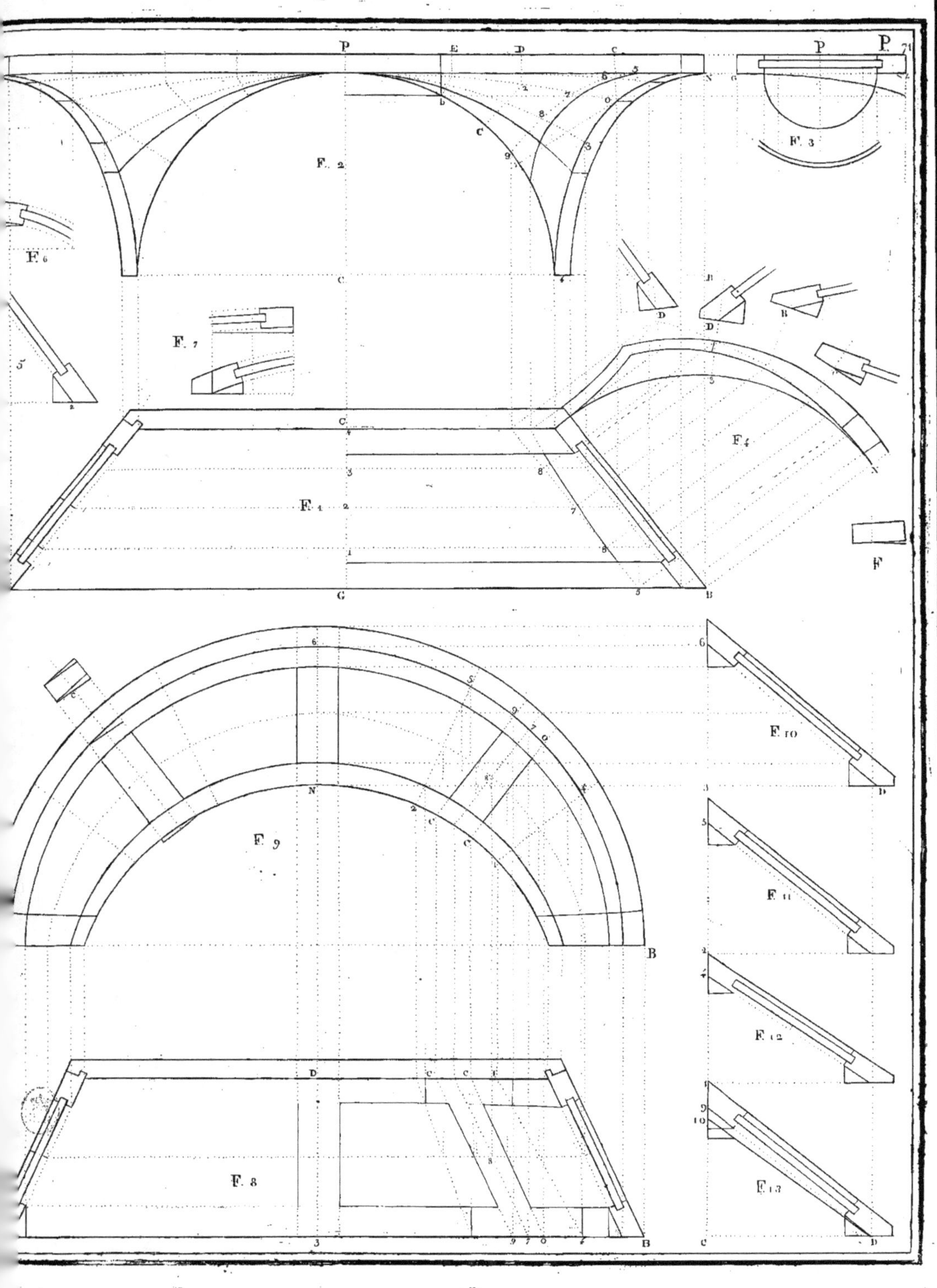

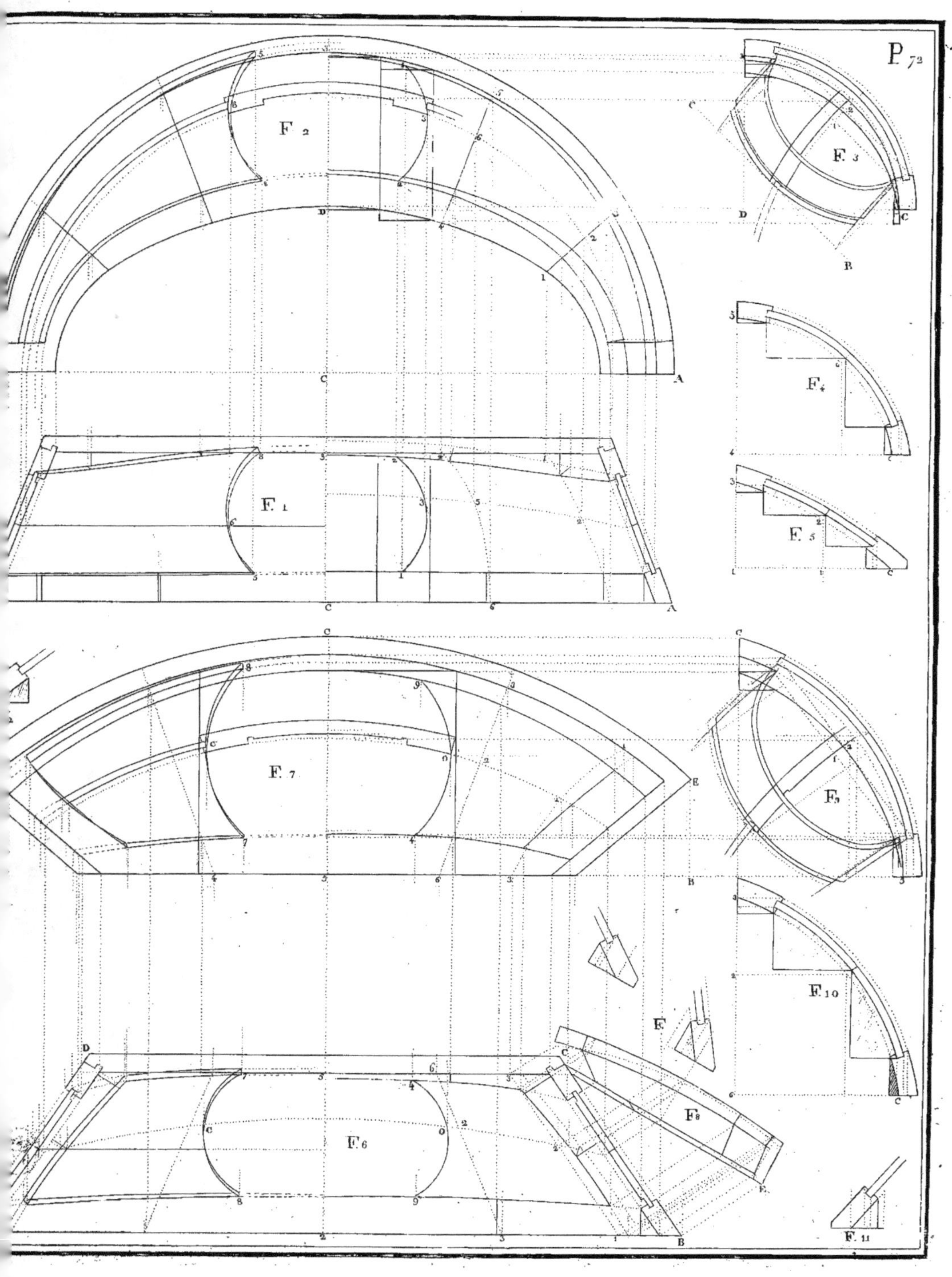
F. 2
F. 3
F. 4
F. 5
F. 1
F. 7
F. 9
F. 10
F. 6
F. 8
F. 11

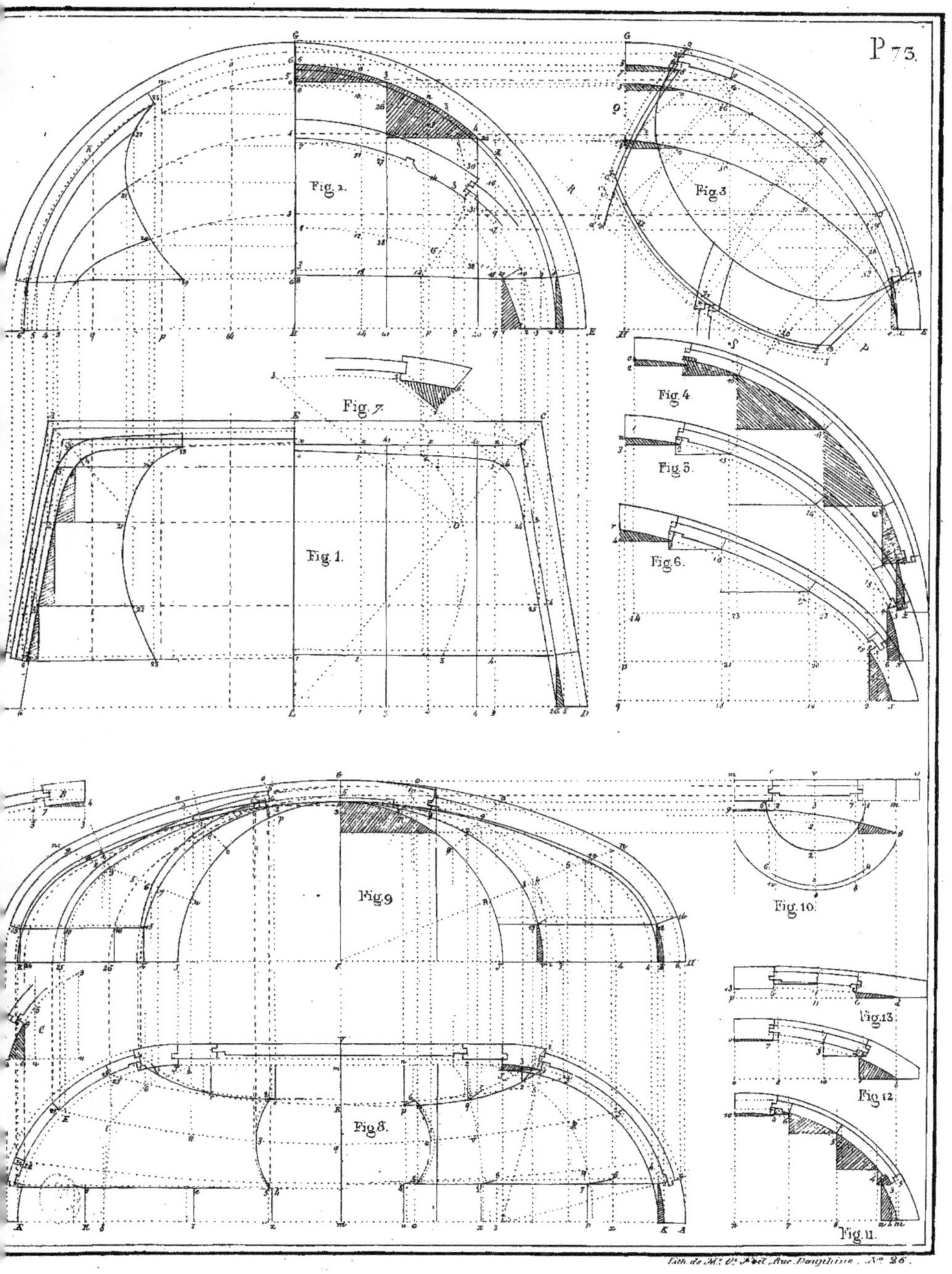


Lith. de Mr. Ve. Noel, Rue Dauphine, N° 26.

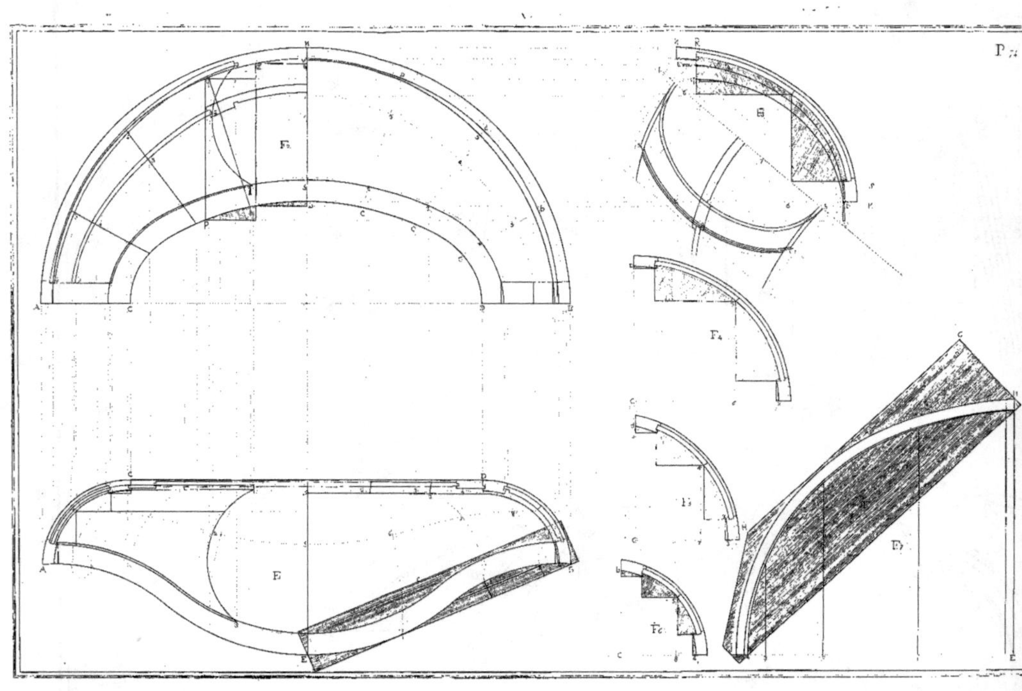

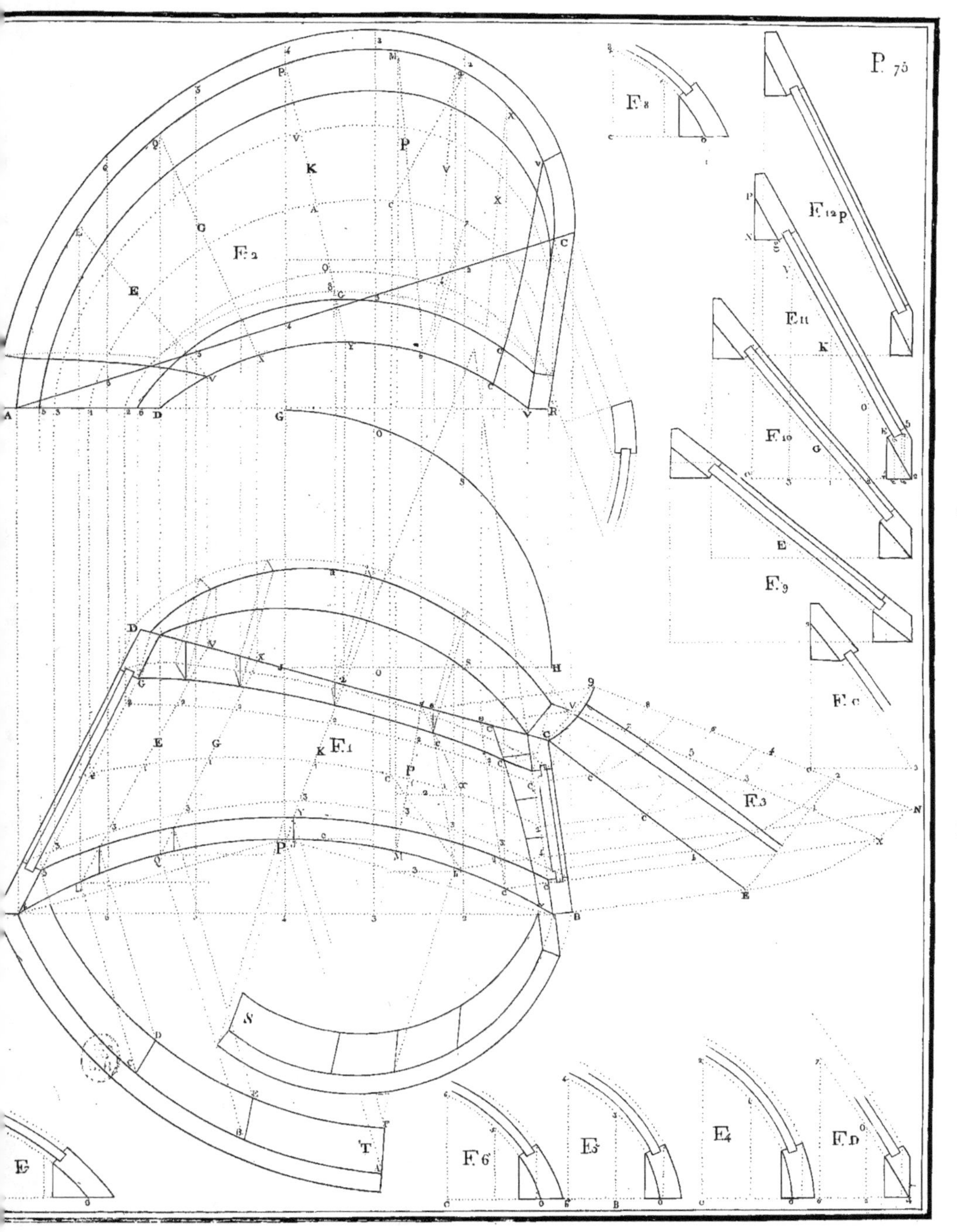
P. 75
F. 8
F. 12
F. 11
F. 10
F. 9
F. 2
F. 1
F. 3
F. 6
F. 5
F. 4

www.ingramcontent.com/pod-product-compliance
Lightning Source LLC
Chambersburg PA
CBHW071906200326
41519CB00016B/4522

* 9 7 8 2 0 1 4 4 7 7 7 8 8 *